Una Síntesis de la Gravedad Cuántica

Primera Edición

Dr. Robert Nieves

Número de Control de la Biblioteca del Congreso de los
Estados Unidos de América: 2021903524

ISBN: 9798727448038

Una Síntesis de la Gravedad Cuántica

Este libro es ideal para estudiantes, investigadores y lectores en todas las áreas de cosmología, la mecánica cuántica, la relatividad especial y la general. Hay tres partes principales del libro centradas en las ondas, la energía y la mecánica cuántica, para discutir las mayores preguntas sobre la realidad física. La síntesis explica en detalle los aspectos de la gravedad cuántica que sirven de base para la Teoría Especial y la General de la Relatividad. Las citas se proporcionan ya que la buena sabiduría en el mensaje de una cita puede tener un impacto duradero en la motivación, la inspiración y el bienestar del lector.

Hay tres mensajes principales en este libro. El primero es que la función de onda espaciotemporal es la pieza central y fundamental de la física. El segundo mensaje es que todo es un asunto de ondas de la probabilidad, incluido el tiempo. La mecánica cuántica y la relatividad general son teorías de las ondas de la realidad física. El tercer mensaje es que tanto el espacio como el tiempo no son lineales.

¿Surge la Relatividad General de la escala cuántica? ¿Cómo surge la Relatividad General de una teoría cuántica como Una Teoría Dinámica del Espacio-Tiempo? El principio de la relatividad general cuántica es inherente a una teoría dinámica del espacio-tiempo como una teoría de la gravedad cuántica. Este libro explica y describe por qué la onda es trascendental y relativista en su naturaleza. Los atributos de la Teoría General de la Relatividad provienen de una Teoría Cuántica de la Mecánica Cuántica. El autor describe en detalle cómo los atributos relativistas cuánticos de la función de onda espaciotemporal se escalan hasta el mundo clásico que nos rodea en nuestro universo.

Robert Nieves tiene una experiencia profesional diversificada en la ingeniería, la enseñanza, la administración de empresas internacionales y en la investigación de la física y la cosmología. El Dr. Nieves tiene una Licenciatura en Ingeniería Eléctrica del Instituto de Tecnología de Illinois y un MBA y un DIBA de la Universidad Nova Southeastern en la Florida, EUA.

Dedicado a mis padres y familia

ÎNDICE

PARTE I

LAS ONDAS

La Función de Onda de la Probabilidad

1. ¿Cuáles son las ondas avanzadas y las retrasadas en un punto espaciotemporal y sus direcciones?

2. ¿Cómo cambiarían hoy las palabras de Hermann Minkowski con respecto al espacio-tiempo?

3. ¿Cuáles son los aspectos de la mecánica cuántica en la probabilidad de la función de onda?

4. Una fuente de puntos espaciotemporales.

5. La función de onda espaciotemporal en una fuente de puntos espaciotemporales.

6. ¿Es posible expresar el crecimiento espaciotemporal utilizando la fórmula de Euler?

El Espacio-Tiempo y la Masa

1. La expansión del espacio-tiempo.

2. Una discrepancia en las Ecuaciones de Campo de Einstein.

3. ¿Causaría una variación en la curvatura espaciotemporal una variación en la aceleración gravitacional sobre el cuerpo de la masa? ¡Las mayores verdades de la naturaleza no se esconden de los experimentos impecables!

4. ¿Cómo se podría definir la aceleración gravitacional $"g"$ en el espacio-tiempo de seis dimensiones en términos de la diferencia

en la curvatura escalar y la local cerca de un planeta ambulante acercándose a otro objeto celestial masivo?

5. ¿Es un universo de bloque dinámico determinista o indeterminista?

6. ¿Es el espacio-tiempo continuo o discreto?

7. La paradoja informativa de un agujero negro.

La Presión es igual a la Densidad de la Energía: Una Ley Natural

1. ¿Qué es un campo de fuerza?

2. El campo fotónico.

3. ¿Por qué la aceleración está representada por una unidad de distancia espacial por cada dos unidades de distancia temporal?

4. ¿Podría representarse la curvatura espaciotemporal como la probabilidad? ¿Cómo pueden representarse las ecuaciones de campo de Einstein por una función de onda?

5. ¿Cuál es el principio de la equivalencia entre la presión y la densidad de energía? ¿Cómo está la unción de onda relacionada con la presión de la divergencia espaciotemporal?

El Tiempo y el Espacio no son Lineales

5. Experimentando los efectos de un campo gravitacional.

6. El efecto sobre un corpúsculo de energía pura después de alcanzar y exceder la velocidad de la luz.

7. ¿Cuál es el efecto de campo de un motor de distorsión sobre una superficie metálica?

8. ¿Es la tecnología para un motor de distorsión o un hipermotor de distorsión real o ciencia ficción?

9. ¿Se podría extraer la energía de un agujero blanco teórico?

10. ¿Podrían los rayos cósmicos venir de la tierra?

Las Citas están listadas por sus Categorías

1. La Física

2. La Ciencia

3. La Matemática y La Geometría

4. La Motivación y La Inspiración

5. El Entretenimiento

PARTE I

LAS ONDAS

Capítulo 1

La Función de Onda de la Probabilidad

§ 1. ¿Cuáles son las ondas avanzadas y las retrasadas en un punto espaciotemporal y sus direcciones?

Las ondas avanzadas y retrasadas son ondas espaciotemporales cuyas direcciones son opuestas. En un universo de seis dimensiones en expansión, cada dimensión espacial tiene un conjugado de dimensión temporal y la onda resultante espacial es opuesta a la onda resultante temporal. En términos de las ondas resultantes, la onda avanzada viaja hacia el pasado y la onda retrasada viaja hacia el futuro. Por lo tanto, el espacio-tiempo puede contraerse, expandirse o permanecer igual, dependiendo de la amplitud de cada onda avanzada o retrasada, como un atributo del espacio-tiempo en un punto arbitrario. (Baker, 1987)

En una región en expansión del universo, la onda retrasada tiene una amplitud mayor que su onda avanzada. Una onda avanzada y una onda retrasada existen simultáneamente en cualquier punto espaciotemporal en cualquiera de las seis direcciones de coordenadas cartesianas del espacio-tiempo de seis dimensiones o en cualquiera de las direcciones de las ondas resultantes.

La onda retrasada puede estar representada por un "ket", $|\Psi^+\rangle$, con coeficientes espaciales complejos de los vectores de base espacial, y la onda avanzada puede estar representada por un "bra", $\langle\Psi^-|$, con coeficientes temporales o conjugados complejos de los vectores de base temporal. En un punto espaciotemporal arbitrario, podemos representar las ondas avanzadas y retrasadas en la notación bra-ket, $\langle\Psi^-|\Psi^+\rangle$, como se muestra a continuación en el espacio-tiempo de seis dimensiones. Por lo tanto, es posible teorizar que un tardión puede viajar al futuro en la onda retrasada o que un taquión puede viajar al pasado en una onda avanzada. Es las seis dimensiones de un espacio-tiempo dinámico que dota al medio espaciotemporal con los atributos de ondas avanzadas o retrasadas.

$$| \Psi^{+} \rangle = a_x \begin{pmatrix} s_x \\ 0 \\ 0 \end{pmatrix} + a_y \begin{pmatrix} 0 \\ s_y \\ 0 \end{pmatrix} + a_z \begin{pmatrix} 0 \\ 0 \\ s_z \end{pmatrix} \tag{1.1}$$

$$\langle \Psi^{-} | = a_x^* \left(ct_x, 0, 0 \right) + a_y^* \left(0, ct_y, 0 \right) + a_z^* \left(0, 0, ct_z \right) \tag{1.2}$$

La matriz de densidad espaciotemporal o el operador de densidad espaciotemporal (la notación ket-bra):

Un operador de densidad espaciotemporal es una matriz de densidad para la multiplicación de una onda retrasada con su onda avanzada en un punto espaciotemporal arbitrario. Una matriz de densidad describe el estado espaciotemporal estadístico de un sistema mecánico cuántico puro o mixto. La probabilidad de cualquier resultado de cualquier medición bien definida sobre un sistema mecánico cuántico integrado se puede calcular a partir de la matriz de densidad del estado espaciotemporal estadístico del sistema.

$$| \Psi^{+} \rangle \langle \Psi^{-} | = \begin{vmatrix} a_x a_x^* & a_x a_y^* & a_x a_z^* \\ a_y a_x^* & a_y a_y^* & a_y a_z^* \\ a_z a_x^* & a_z a_y^* & a_z a_z^* \end{vmatrix} \tag{1.3}$$

§ 2. *¿Cómo cambiarían hoy las palabras de Hermann Minkowski con respecto al espacio-tiempo?*

La fuerza de la visión del espacio-tiempo tal como la expuso Hermann Minkowski, que surgió del suelo de la física experimental durante su tiempo, evolucionaría radicalmente en un concepto auspicioso que preserva la realidad independiente de las dimensiones del espacio y el tiempo como aspectos indistinguibles de la misma sustancia de la quintaesencia que cala nuestro universo.

§ 3. *¿Cuáles son los aspectos de la mecánica cuántica en la probabilidad de la función de onda?*

El número imaginario "i" representa la propiedad compleja, la naturaleza del espacio-tiempo, o la naturaleza de la onda de todo lo que hay en la realidad física. Sin embargo, es interesante saber que también representa los aspectos probabilísticos de la función de onda que todas las partículas, la materia, la energía y el espacio-tiempo, con propiedades de onda, siguen a través de la evolución de un sistema.

Los antiguos babilonios tomaron la raíz cuadrada del radio de un círculo tres veces para calcular un valor aproximado de π igual a 3. El gran matemático Arquímedes de Siracusa calculó el valor de π durante el siglo III A.C. El eminente matemático Leonhard Euler introdujo el símbolo actual de π, también conocido como constante de Arquímedes, en el siglo XVIII d.C.

El número imaginario "i" es igual a $\sqrt{-1}$, y su cuadrado "i^2" es tan probabilístico como "i". El número trascendental e irracional "e" elevado a la potencia "i" es un número complejo.

$$e^i = (-1)^{\frac{1}{\pi}} \tag{3.1}$$

$$\left(e^i\right)^{\pi} = \left[(-1)^{\frac{1}{\pi}}\right]^{\pi} \tag{3.2}$$

$$e^{i\pi} = -1 \tag{3.3}$$

Encontremos las raíces cubicas de la ecuación de Euler cuando $\theta = \dfrac{\pi}{3}$,

$$\left(e^{i\left(\frac{\pi}{3}\right)}\right)^3 = (-1)^3 \tag{3.4}$$

$$\left(e^{i\left(\frac{\pi}{3}\right)}\right)^3 + (1)^3 = 0 \tag{3.5}$$

$$\left(e^{i\left(\frac{\pi}{3}\right)} + 1 \right) \left[\left(e^{i\left(\frac{\pi}{3}\right)} \right)^2 - e^{i\left(\frac{\pi}{3}\right)} + 1 \right] = 0 \qquad (3.6)$$

Usando la ecuación cuadrática, encontramos tres raíces cubicas de la ecuación de Euler,

$$e^{i\left(\frac{\pi}{3}\right)} = -1 \qquad (3.7)$$

$$e^{i\left(\frac{\pi}{3}\right)} = 0.5 \pm i0.866025404 = \frac{1}{2} \pm i\frac{\sqrt{3}}{2} \qquad (3.8)$$

$$e^{i\left(60^0\right)} = \cos 60^0 \pm i\,\mathrm{Sin}\,60^0 = \frac{1}{2} \pm i\frac{\sqrt{3}}{2} \qquad (3.9)$$

Encontrando las raíces cubicas para $\theta = \frac{2\pi}{3}$,

$$e^{i\left(2\pi\right)} = 1 \qquad (3.10)$$

$$\left(e^{i\left(\frac{2\pi}{3}\right)} \right)^3 = \left(1 \right)^3 \qquad (3.11)$$

Las tres raíces cubicas son,

$$e^{i\left(\frac{2\pi}{3}\right)} = 1 \qquad (3.12)$$

$$e^{i\left(\frac{2\pi}{3}\right)} = -0.5 \pm i0.866025404 = -\frac{1}{2} \pm i\frac{\sqrt{3}}{2} \qquad (3.13)$$

$$e^{i\left(120^0\right)} = -\cos 120^0 \pm i\,\mathrm{Sin}\,120^0 = -\frac{1}{2} \pm i\frac{\sqrt{3}}{2} \qquad (3.14)$$

Estas raíces cubicas son las ubicaciones probables de una partícula puntual a medida que se traslada en su función de onda a través de planos o superficies a intervalos de $\theta = 60^0$, o a intervalos de $\theta = 120^0$, en el espacio-tiempo complejo. El eminente físico Christiaan Huygens en el siglo XVII supuestamente dijo: "Creo que no sabemos nada con certeza, pero todo probablemente". Entre otras cosas, Huygens fundó la teoría de la luz como una onda esférica en expansión. (Huygens, 1690)

El número imaginario y trascendental $e^{i\pi}$ puede ser la raíz de un polinomio exponencial con coeficientes imaginarios, trascendentales e irracionales, $i^2 - 2i\sqrt{e^{i\pi}} + \left(\sqrt{e^{i\pi}}\right)^2 = 0$, para $i = \sqrt{e^{i\pi}}$. Por lo tanto, $e^{i\pi}$ es también el perfecto cuadrado imaginario y trascendental, $i^2 = e^{i\pi}$.

Denotemos los siguientes valores de $"i"$, $"\pi"$ y $"e"$,

$$i^2 = -1 = 1\angle180^0 = e^{i\pi} \qquad (3.15)$$

$$i = \sqrt{e^{i\pi}} = \sqrt{-1} \qquad (3.16)$$

$$\sqrt{i} = \sqrt{\sqrt{e^{i\pi}}} = \sqrt[4]{e^{i\pi}} \qquad (3.17)$$

$$-i^2 = 1\angle0^0 = 1\angle180^0 \cdot 1\angle180^0 = 1\angle360^0 = -e^{i\pi} \qquad (3.18)$$

$$i^3 = -i = -\sqrt{e^{i\pi}} \qquad (3.19)$$

El número trascendental π es el exponente de la proporcionalidad espaciotemporal de las ondas.

Si una variable espacial o temporal se eleva a la potencia $"i"$ o es multiplicada por $i!$ ($"i"$ factorial), la variable se asociaría con las propiedades de una onda espaciotemporal.

$$i^i = \left(e^{\ln(i)}\right)^i = e^{i \cdot \ln(i)} = e^{i \cdot i \cdot \frac{\pi}{2}} = e^{-\frac{\pi}{2}} = \frac{1}{e^{\frac{\pi}{2}}} \approx \frac{1}{5} \qquad (3.20)$$

5

$$\ln i^i = -\frac{\pi}{2} \tag{3.21}$$

Denotando *"π"* en términos de *"i"* y *"e"*, obtenemos

$$\pi = -2\ln i^i \tag{3.22}$$

$$\sqrt[2]{\pi} = \sqrt[2]{-2\ln i^i} \tag{3.23}$$

Una expresión para la proporcionalidad tridimensional de π es dada por

$$\sqrt[3]{\pi} = \sqrt[3]{-2\ln i^i} = (i)\sqrt[3]{2\ln i^i} = (i)\sqrt[3]{\ln i^{2i}} \tag{3.24}$$

La ecuación de Euler en términos de *"i"* y *"e"* solamente, puede expresarse como

$$e^{-(2i)\ln\left(i^i\right)} = -1 \tag{3.25}$$

El factorial *"i"* produce el número complejo de una onda espaciotemporal. Una onda espaciotemporal amortiguada cuya amplitud de oscilación disminuye con el tiempo, y finalmente va a cero, una onda exponencialmente decadente.

$$i! = \int_0^\infty t^i e^{-t}\,dt = \int_0^\infty \left(e^{\ln t}\right)^i e^{-t}\,dt = \int_0^\infty \left(e^{i\ln t}\right) e^{-t}\,dt \tag{3.26}$$

$$i! = \int_0^\infty e^{-t}\operatorname{Cos}(\ln t)\,dt + \int_0^\infty e^{-t}\operatorname{Sin}(\ln t)\,dt \tag{3.27}$$

$$i! \approx \frac{1}{2} - i\frac{2}{13} \tag{3.28}$$

Es interesante tener en cuenta que el factorial doble de *"i"* todavía representa la propiedad de una onda.

$$i!! = 2^{\frac{i}{2}}\left(\frac{i}{2}\right)! \tag{3.29}$$

6

Los números trascendentales, "e", "π" y "i", están correlacionados en la expansión o contracción de la función de onda espaciotemporal, a medida que cambian las distancias espaciales y temporales según la base natural "e", el ángulo de fase de la onda espaciotemporal aumenta gradualmente según la relación de proporcionalidad "π", y el número imaginario "i" que manifiesta la propiedad de una onda a medida que el núcleo de crecimiento cambia con el tiempo. El aspecto de proporcionalidad y el aspecto de la propiedad de onda tienen un efecto exponencial en la base natural del crecimiento.

Representemos el principio de probabilidad para la función de onda de la dualidad partícula-onda,

$$\sqrt{i} = \sqrt{(\lambda + i\theta)^2} \qquad (3.30)$$

$$i = \lambda^2 + (2\lambda\theta)i - \theta^2 \qquad (3.31)$$

Ya que $\theta = 0$ y $\lambda = 0$, tenemos

$$2\lambda\theta = 1 \qquad (3.32)$$

$$\theta = \frac{1}{2\lambda} \qquad (3.33)$$

Por razón de que $\lambda^2 - \theta^2 = 0$, podemos encontrar el valor de λ,

$$\lambda^2 - \left(\frac{1}{2\lambda}\right)^2 = 0 \qquad (3.34)$$

$$\lambda = \pm\frac{1}{\sqrt{2}} \qquad (3.35)$$

Substituyendo por λ para encontrar a "θ",

$$\theta = \frac{1}{2\lambda} = \pm\frac{\sqrt{2}}{2} = \pm\frac{1}{\sqrt{2}} \qquad (3.36)$$

$$\sqrt{i} = \pm\lambda \pm \theta i \qquad (3.37)$$

$$\sqrt{i} = \pm\frac{1}{\sqrt{2}} \pm \frac{1}{\sqrt{2}}i \qquad (3.38)$$

$$i = \left(\pm\frac{1}{\sqrt{2}} \pm \frac{1}{\sqrt{2}}i\right)^2 \qquad (3.39)$$

Usando la ecuación de Euler para verificar el resultado anterior,

$$-1 = i^2 = e^{i\pi} \qquad (3.40)$$

$$i = \pm\sqrt{e^{i\pi}} \qquad (3.41)$$

$$\sqrt{i} = \pm\sqrt{\sqrt{e^{i\pi}}} = \pm e^{i\frac{\pi}{4}} = \pm e^{i45^0} \qquad (3.42)$$

$$\sqrt{i} = \pm e^{i45^0} = \pm\cos 45^0 \pm i\operatorname{Sin}45^0 = \pm\frac{1}{\sqrt{2}} \pm \frac{1}{\sqrt{2}}i \qquad (3.43)$$

Es interesante observar que $\pi/4$ o $\left[\left(\frac{1}{2}\right)!\right]^2$ es el ángulo de fase de la trayectoria espaciotemporal de una partícula que tiene la misma probabilidad de ser una partícula o una manifestación de partícula-onda en la realidad física. La fase de una forma de onda repetitiva especifica la ubicación de un punto dentro de un ciclo de onda. El núcleo de crecimiento también puede representar el operador de ondas naturales, $\pm e^{i\theta}$, para una onda que viaja en cualquier dirección de una dimensión, y el núcleo de la probabilidad de la mecánica cuántica. La propiedad probabilista se conserva incluso si el espacio-tiempo se está expandiendo o contrayendo, en cuyo caso, el exponente de $"e"$ sería un número complejo, $\pm e^{\pm \ln\psi \pm i\theta}$, donde Ψ es la amplitud de la onda, y θ es el ángulo de fase.

La regla del producto para la raíz enésima de un número negativo o un número imaginario indica que el operador de raíz enésima no lineal "$\sqrt[n]{}$" para cualquier número natural "n" tiene un signo positivo y un signo negativo delante de la raíz enésima, "$\pm\sqrt[n]{}$". Por lo tanto, cada vez que tomamos la raíz enésima de un número negativo o un número imaginario, el resultado podría ser positivo o negativo. Así que, cuando se multiplican dos o más raíces enésimas de un número negativo, o de un número imaginario, el resultado podría ser positivo o negativo, dependiendo del signo final del producto de todos los operandos bajo el operador de raíz enésima para evitar una falacia. Por lo tanto, la rama elegida del resultado tiene que coincidir con el signo final en el otro lado de la ecuación o igualdad que es igual a la operación de la raíz enésima.

Aplicando el operador de raíz enésima no lineal a números imaginarios,

Si $n = 1$, tenemos

$$\sqrt[i]{i} = i^{-i} = \frac{1}{i^i} = \frac{1}{e^{-\frac{\pi}{2}}} = e^{\frac{\pi}{2}} \tag{3.44}$$

$$\sqrt[i]{i^2} = \left(i^2\right)^{-i} = \frac{1}{i^{2i}} = \frac{1}{i^i}\cdot\frac{1}{i^i} = \frac{1}{e^{-\frac{\pi}{2}}}\cdot\frac{1}{e^{-\frac{\pi}{2}}} = \frac{1}{e^{-\pi}} = e^{\pi} \tag{3.45}$$

Si $n = 2$, obtenemos

$$\sqrt[i^2]{i} = \left(i\right)^{\frac{1}{i^2}} = i^{-1} = \frac{1}{i} = \frac{1}{i}\cdot\frac{i}{i} = \frac{i}{i^2} = -i \tag{3.46}$$

$$\sqrt[i^2]{i^2} = \left(i^2\right)^{\frac{1}{i^2}} = \left(-1\right)^{-1} = \frac{1}{\left(-1\right)} = -1 = e^{i\pi} \tag{3.47}$$

Es interesante observar que los resultados pueden ser números reales o imaginarios, incluyendo el núcleo de crecimiento.

Presentemos el operador de raíz enésima no lineal e imaginaria como "$\pm\sqrt[i^n]{}$" para cualquier número natural "n" como el exponente de la base imaginaria "*i*" del logaritmo. El operando podría ser un número imaginario y/o trascendental. El resultado podría ser un número imaginario y/o trascendental positivo o negativo. El operador de raíz enésima no lineal e imaginaria puede aplicarse a una distancia temporal, a la propiedad de una onda o a la probabilidad de un objeto mecánico cuántico.

Para el espacio-tiempo isotrópico y homogéneo, el operador de probabilidad temporal y tridimensional "*i*" es dado por

$$i^2 = i_x^2 + i_y^2 + i_z^2 \tag{3.48}$$

$$i_x = i_y = i_z = \frac{i}{\sqrt[2]{3}} \tag{3.49}$$

Describiendo la función de onda en términos de "*i*" y el núcleo de crecimiento natural e^{-r}, obtenemos

$$\left[\Psi(r)\right]^2 = \frac{i^2}{\ln e^{-r}} = \frac{\left(\pm\frac{1}{\sqrt{2}} \pm \frac{1}{\sqrt{2}}i\right)^4}{-r} \tag{3.50}$$

$$\frac{\left[\Psi(r)\right]^2}{i} = \frac{i}{\ln e^{-r}} \tag{3.51}$$

$$-i\left[\Psi(r)\right]^2 = \frac{i}{\ln e^{-r}} = \frac{\left(\pm\frac{1}{\sqrt{2}} \pm \frac{1}{\sqrt{2}}i\right)^2}{-r} \tag{3.52}$$

$$\left[\Psi(r)\right] = \frac{\pm\frac{1}{\sqrt{2}} \pm \frac{1}{\sqrt{2}}i}{\sqrt{ir}} = \frac{\sqrt{i}}{\sqrt{i}\sqrt{r}} = \frac{1}{\sqrt{r}} \tag{3.53}$$

$$\Psi(r) = \frac{1}{\sqrt{r}} \tag{3.54}$$

$$\left|\Psi(r)\right|^2 = \frac{1}{r} \tag{3.55}$$

$$\left|\Psi(r)\right|^4 = \frac{1}{r^2} \tag{3.56}$$

¿Cómo se relaciona la función de onda con la ecuación de Euler?

$$\lim_{r \to \infty}\left(1 + \frac{1}{\sqrt{r}}\right)^{\sqrt{r}} = e \tag{3.57}$$

$$\lim_{\frac{1}{\left|\Psi(r)\right|^2} \to \infty}\left[1 + \Psi(r)\right]^{\frac{1}{\Psi(r)}} = e \tag{3.58}$$

$$\lim_{\frac{1}{\left|\Psi(r)\right|^2} \to \infty}\left[1 + \Psi(r)\right]^{\frac{1}{\Psi(r)}} = \lim_{\frac{1}{\left|\Psi(r)\right|^2} \to \infty}\left[1 + \left|\Psi(r)\right|^2\right]^{\frac{1}{\left|\Psi(r)\right|^2}} \tag{3.59}$$

$$= \lim_{\frac{1}{\left|\Psi(r)\right|^2} \to \infty}\left[1 + \left|\Psi(r)\right|^4\right]^{\frac{1}{\left|\Psi(r)\right|^4}} = e$$

$$\lim_{\frac{1}{\left|\Psi(r)\right|^2} \to \infty}\left(\left[1 + \left|\Psi(r)\right|^4\right]^{\left(\frac{i}{\left|\Psi(r)\right|^4}\right)}\right)^{\theta} = e^{i\theta} = \cos\theta + i\sin\theta \tag{3.60}$$

Por lo tanto, a medida que la función de onda, o las variables de la propiedad de onda, se multiplican por "i", el atributo de la probabilidad se asocia matemáticamente con la función de onda o con la propiedad de una onda tal como ocurre en los fenómenos físicos. A partir de la última ecuación de curvatura espacial, es interesante observar cómo la propiedad de onda emerge del límite de la expresión de la función de onda, a partir de la condición inicial de lo que hay "e^0" más la función de onda, ya que la longitud espacial se expande hasta el infinito, a medida que el tiempo dota de más espacio, y luego el espacio dota de más tiempo. La función de onda es la base natural *"e"* del crecimiento, que es en sí misma una onda para todos los sistemas naturales. El ángulo *"θ"* es el ángulo de fase del crecimiento natural exponencial. En el caso de la dualidad partícula-onda, la manifestación de partículas tiene un cincuenta por ciento de probabilidad, y la manifestación de partícula-onda tiene una propiedad igual del cincuenta por ciento de ocurrir en la realidad física, los resultados están igualmente divididos, dependiendo de la variable física de un posible conjunto que define un sistema físico o establece las condiciones de su funcionamiento.

El principio de la probabilidad afirma que el espacio-tiempo y todas las manifestación físicas de la energía son propiedades emergentes de la realidad física compleja. La aparición espaciotemporal dota a la función de onda de su propiedad probabilística. El tiempo emerge para crear más espacio, lo que a su vez crea más tiempo. Por lo tanto, la probabilidad, al igual que el espacio-tiempo, es compleja, consiste en probabilidad real (espacial) y probabilidad imaginaria (temporal). También, $t_p \equiv il_p$, $i \equiv t_p/l_p$, entonces $i \equiv 1/c$. El signo más o menos de la probabilidad de *"i"* son las direcciones o sentidos espaciales o temporales de una dimensión espacial y su dimensión temporal, "su conjugado complejo". El espacio o el tiempo pueden expandirse o contraerse a medida que surge el espacio-tiempo.

§ 4. Una fuente de puntos espaciotemporales.

Si cada fuente de puntos espaciotemporales se considera como un puente espaciotemporal transitable a escala cuántica desde el pasado hasta el presente bajo los modelos matemáticos actuales que permiten esta hipótesis, durante la expansión del universo justo después del Big Bang, estos puentes espaciotemporales se habrían estirado y podrían haber sido estabilizados por cuerdas espaciotemporales. Estos puentes espaciotemporales transitables permitirían que las partículas viajaran de vuelta al principio de nuestro universo. Uno de esos puentes espaciotemporales puramente geométrico es el puente espaciotemporal Morris-Thorne sin horizontes, sin singularidades, perfectamente estable en el tiempo, sin colapsarse mientras una partícula u objeto lo atraviesa, y sin generar un campo gravitacional a su alrededor. Una nave espacial podría entrar y salir por el mismo lado a través de trayectorias geodésicas. Tiene un efecto de lente en los rayos de luz que pasan cerca de él, y podría servir como un telescopio para ver la orientación y la imagen al otro lado del puente. Este atributo podría ser utilizado como un telescopio muy potente del universo para el campo lejano. La tensión espaciotemporal del puente tiene que ser contrarrestada por una fuerza de una fuente negativa de energía. Por el teorema de censura topológica, no se permite una fuente negativa de energía bajo la perspectiva actual de la Teoría General de la Relatividad.

$$ds^2 = c^2dt^2 - d\rho^2 - \left(\rho^2 + R^2\right)d\Omega^2 \qquad (4.1)$$

La condición de ensanche implica la violación de la Condición De Energía Nula (CEN) en la garganta: (las densidades negativas de la energía no esenciales):

$$\rho + p_r < 0 \qquad (4.2)$$

De hecho, viola todas las condiciones puntuales de la energía, las condiciones medias de la energía, las desigualdades cuánticas, las condiciones semiclásicas de la energía, etc.

Tenga en cuenta que la condición de energía nula surge cuando uno se refiere de nuevo a la ecuación de Raychaudhuri: aparece la condición de positividad del término de expansión:

$$\rho = T_{\mu\nu}kk^\nu \geq 0 \qquad (4.3)$$

En la Relatividad General, a través de las ecuaciones de campo de Einstein (ECEs), la condición de positividad refleja la Condición De Energía Nula (CEN):

$$T_{\mu\nu}k^\mu k^\nu \leq 0 \qquad (4.4)$$

(no permitida por la Relatividad General en el presente)

$$d\sigma^2 = c^2dt^2 - ds^2 \qquad (4.5)$$

Ecuación General de un Puente Espaciotemporal:

Una ecuación matemática motivada por la simetría y geometría de los conos para la solución Schwarzschild extendida al máximo. Las coordenadas Kruskal-Szekeres de la Relatividad General se comportan bien en todas partes fuera de la singularidad física y cubren toda la variedad espaciotemporal de la solución Schwarzschild, que se extiende al máximo.

$$u^2 - v^2 = \left(\frac{r}{R_S} - 1\right) e^{\frac{r}{R_S}} \tag{4.6}$$

$$u = \pm\sqrt{v^2 + \left(\frac{r}{R_S} - 1\right) e^{\frac{r}{R_S}}} \tag{4.7}$$

$$\tanh\left(\frac{t}{4GM}\right) = \begin{cases} v/u, & r > 2GM \\ u/v, & r < 2GM \end{cases} \tag{4.8}$$

La entrada y los conos de salida del puente espaciotemporal Schwarzschild pueden expresarse como la raíz cuadrada positiva o negativa de la ecuación.

Donde R_S es el radio Schwarzschild, y r, u, y v son coordenadas del espacio-tiempo de un diagrama Kruskal de la geometría Schwarzschild.

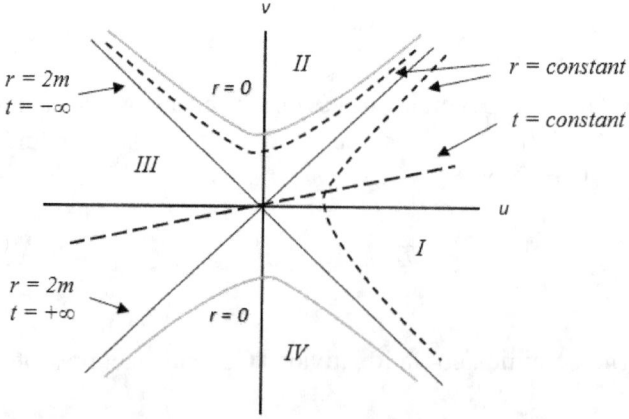

Figure 1. Un Diagrama Kruskal de la Geometría de Schwarzschild.

§ 5. La función de onda espaciotemporal en una fuente de puntos espaciotemporales.

¿Los atributos de la Teoría Especial o la General de la Relatividad emergen de la escala cuántica? ¿Cómo surgen los atributos de la Teoría Especial, o de la General, de la Relatividad, de una Teoría Cuántica como "Una Teoría Dinámica del Espacio-Tiempo: Un Asunto de Ondas"?

Describamos la función de onda espaciotemporal a medida que emerge a un nivel cuántico de una fuente de puntos. Si la función de onda no está obstruida, sería esférica en espacio-tiempo isotrópico y homogéneo, de lo contrario, podría ser una función de onda elíptica debido, pero no limitado a, la presencia de la masa, la materia, la energía, o traslación a través del espacio. A medida que la onda está obstruida, la presión espaciotemporal aumenta en la región local de obstrucción donde la longitud espacial se contrae y la distancia temporal se dilata de acuerdo con la Teoría Especial de la Relatividad.

Imaginemos una onda plana y elipsoidal que se expande a través de un eje mayor espacial "s_x" y un eje menor temporal y perpendicular "t_x", que puede visualizarse como una elipse alrededor del punto central, u origen, de un esferoide oblato. La onda plana elipsoidal puede representar una onda que se expande a través de dos ejes de coordenadas rectangulares, también desde el punto central de un esferoide oblato que se expande en el espacio-tiempo de seis dimensiones. En una elipse, la relación entre la excentricidad lineal y el eje semi-mayor es una constante. Cuando la excentricidad de la elipse cambia también lo hace la relación. A medida que una onda elipsoidal se contrae aún más su eje semi-mayor se extiende y su eje semi-menor se contrae mientras que la excentricidad lineal se extiende. Consideremos la función de onda elipsoidal a través del eje "x" y el eje "y" para representar los aspectos bidimensionales de la expansión del espacio-tiempo. A medida que la onda se expande o se contrae, el eje mayor espacial y el eje menor temporal son recíprocos en sus acciones, pero proporcionales a la circunferencia de la elipse en el espacio-tiempo isotrópico y homogéneo con curvatura insignificante. Utilizando el eje semi-mayor como tiempo de coordenada $d\pi$, la distancia de la excentricidad lineal entre el origen y el punto de enfoque derecho "F_2" como el tiempo aparente, y el eje semi-menor como distancia espacial $d\Sigma$ de la onda, a medida que se expande o se contrae, la relación recíproca se puede expresar como el factor Lorentz "gamma" de la Relatividad Especial, para el mecanismo geométrico inherente de la onda plana elipsoidal. *La relación recíproca de las dimensiones espaciales y temporales de la función de onda compleja es la esencia de la Relatividad Especial.*

Según el teorema de Pitágoras,

$$d\tau^2 = d\pi^2 - \frac{d\Sigma^2}{c^2} \tag{5.1}$$

Dividiendo por tiempo de coordenada $d\pi$, obtenemos la velocidad del tiempo aparente, y el factor gamma, que es el tiempo de coordenada durante el tiempo aparente, $d\pi/d\tau$.

$$v_\tau^2 = \frac{d\tau^2}{d\pi^2} = \frac{d\pi^2}{d\pi^2} - \frac{d\Sigma^2}{d\pi^2 c^2} = 1 - \frac{d\Sigma^2/d\pi^2}{c^2} = 1 - \frac{v_s^2}{c^2} \tag{5.2}$$

$$v_\tau = \sqrt{1 - \frac{v_s^2}{c^2}} \tag{5.3}$$

$$\gamma = \frac{1}{v_\tau} = \frac{d\pi}{d\tau} = \frac{1}{\sqrt{1 - \frac{v_s^2}{c^2}}} \tag{5.4}$$

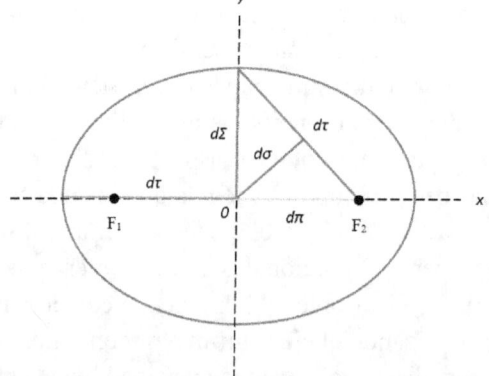

Figura 2. Un Diagrama de una Onda Espaciotemporal Elipsoidal.

16

Por el teorema inverso de Pitágoras,

$$\frac{1}{d\pi^2} + \frac{c^2}{d\Sigma^2} = \frac{c^2}{d\sigma^2} \tag{5.5}$$

$$\frac{d\sigma^2}{d\pi^2} + c^2 \frac{d\sigma^2}{d\Sigma^2} = c^2 \tag{5.6}$$

$$v_\tau^2 = c^2 - c^2 \frac{d\sigma^2}{d\Sigma^2} \tag{5.7}$$

$$\frac{v_\tau^2}{c^2} = 1 - \frac{d\sigma^2}{d\Sigma^2} \tag{5.8}$$

$$\frac{d\sigma^2}{d\Sigma^2} = 1 - \frac{v_\tau^2}{c^2} \tag{5.9}$$

Donde v_σ es la velocidad del espacio aparente (el espacio geodésico); el espacio geodésico es un espacio de longitud,

$$v_\sigma = \sqrt{1 - \frac{v_\tau^2}{c^2}} \tag{5.10}$$

El factor Larmor es dado por

$$\Sigma = \frac{1}{v_\sigma} = \frac{1}{\sqrt{1 - \frac{v_\tau^2}{c^2}}} \tag{5.11}$$

La siguiente ecuación representa el principio de equivalencia espaciotemporal para la topología de la onda elipsoidal espaciotemporal, o el principio Lemaître de la topología de ondas relativistas.

17

$$\frac{d\Sigma \cdot d\pi}{d\sigma} = d\tau \qquad (5.12)$$

$$d\Sigma \cdot d\pi = d\sigma \cdot d\tau \qquad (5.13)$$

$$a = \frac{d\sigma \cdot d\tau}{d\Sigma \cdot d\pi} \qquad (5.14)$$

El producto del espacio de coordenada y el tiempo de coordenada es igual al producto del espacio aparente (el espacio geodésico) y el tiempo aparente. La distancia espacial de coordenada y la distancia temporal de coordenada son dimensiones de movimiento conjunto, es decir, se expanden o contraen con la expansión o contracción de nuestro universo. La distancia espacial aparente (el espacio aparente) y la distancia temporal aparente (el tiempo aparente) son las distancias espaciotemporales que normalmente mediríamos en nuestra realidad. El factor de escala de la expansión del universo *"a"* es la relación entre el espacio-tiempo aparente sobre el movimiento conjunto del espacio-tiempo.

Las galaxias distantes permanecen aproximadamente a la misma distancia radial de movimiento conjunto (la distancia peculiar) entre sí a medida que el espacio-tiempo se expande (a medida que el desplazamiento Doppler al rojo se acerca a *"c"*), pero se alejan más (la distancia recesiva puede expandirse más rápido que la luz como un cambio de escala con el tiempo) si se separan entre sí a la misma distancia radial desde el punto de observación (el desplazamiento cosmológico al rojo puede ser más rápido que la luz). La velocidad radial de Hubble es de aproximadamente 43.5 *millas/seg/Mpc* (*70 Km/seg/Mpc*). La distancia total de expansión entre dos galaxias sería la suma de la distancia recesiva y la distancia peculiar.

$$\frac{1}{\frac{d\sigma}{d\Sigma}} = \frac{d\tau}{d\pi} \qquad (5.15)$$

$$\frac{1}{v_\sigma} = v_\tau \qquad (5.16)$$

$$\frac{1}{\dfrac{\partial v_\sigma}{\partial t}} = \frac{\partial v_\tau}{\partial t} \tag{5.17}$$

$$\frac{1}{a_\sigma} = a_\tau \tag{5.18}$$

La velocidad del espacio aparente (el espacio geodésico) es recíproca a la velocidad del tiempo aparente. Por lo tanto, la aceleración del espacio aparente es recíproca a la aceleración del tiempo aparente.

La función de onda de la Mecánica Cuántica puede definirse como

$$\frac{1}{d\Sigma} = \frac{d\pi}{d\sigma \cdot d\tau} = \frac{v_\tau}{d\sigma} \tag{5.19}$$

$$\frac{1}{\sqrt{d\Sigma}} = \sqrt{\frac{v_\tau}{d\sigma}} = \sqrt{\frac{\sqrt{1-\dfrac{v_r^2}{c^2}}}{d\sigma}} = \frac{\sqrt[4]{1-\dfrac{v_r^2}{c^2}}}{\sqrt{d\sigma}} \tag{5.20}$$

$$\Psi(\Sigma) = \frac{1}{\sqrt{d\Sigma}} = \sqrt{\frac{v_\tau}{d\sigma}} = \frac{\sqrt[4]{1-\dfrac{v_r^2}{c^2}}}{\sqrt{d\sigma}} \tag{5.21}$$

$$\left|\Psi(\Sigma)\right|^2 = \frac{1}{d\Sigma} = \frac{|v_\tau|}{d\sigma} = \frac{\left|\sqrt{1-\dfrac{v_r^2}{c^2}}\right|}{d\sigma} \tag{5.22}$$

La función de onda espacial es relativista en función del tiempo y el espacio aparente.

Las funciones de onda relativista se pueden expresar de forma integral como las transformaciones espaciales y temporales de la Relatividad Especial o la General.

$$\Psi(r) = \frac{1}{\sqrt{2\pi}} \int_{-\infty}^{\infty} \Psi(t) \cdot e^{-st} \cdot dt \qquad (5.23)$$

$$\Psi(t) = \frac{1}{\sqrt{2\pi}} \int_{-\infty}^{\infty} \Psi(r) \cdot e^{-sr} \cdot dr \qquad (5.24)$$

donde la frecuencia compleja es $s = \sigma + i\omega = r\angle\theta$, con números reales σ y ω.

Expresando la función relativista de onda espaciotemporal, obtenemos

$$\Psi(r,t) = \frac{1}{2\pi} \int_{-\infty}^{\infty} \int_{-\infty}^{\infty} \Psi(r) e^{-s(r+t)} dr \cdot dt \qquad (5.25)$$

Es interesante observar que la magnitud y el ángulo de fase de la frecuencia compleja "s", en el exponente del núcleo de crecimiento "e" multiplicando la función de onda espacial "$\Psi(r)$", desempeña un papel crucial para determinar la expansión o contracción de la onda espaciotemporal, ya que la longitud espacial "r" y la distancia temporal "t" son recíprocas.

§ 6. ¿Sería posible expresar el crecimiento espaciotemporal utilizando la fórmula de Euler?

Es posible expresar un crecimiento espaciotemporal relativista $i^2 e^{\pi+i\pi}$ en el medio espacio-tiempo-energía, utilizando la fórmula de Euler que es común en ingeniería, matemáticas y física.

$$e^{i\pi} = \text{Cos } \pi + i\text{Sin } \pi = -1 \qquad (5.26)$$

$$e^{i\pi} \mp ie^{i\pi} = e^{i\pi}(1 \mp i) = -1 \pm i \qquad (5.27)$$

$$-e^{i\pi} = 1 \mp i \qquad (5.28)$$

$$1 \mp i \equiv 1 \pm i \qquad (5.29)$$

$$e^{\pi} \pm ie^{\pi} = e^{\pi}(1 \pm i) = e^{\pi} \cdot (-e^{i\pi}) = -e^{\pi+i\pi} = i^2 e^{\pi+i\pi} \qquad (5.30)$$

El factor Lorentz "gamma" utilizado en la Teoría Especial de la Relatividad es dado por

$$\gamma = \frac{1}{\sqrt[2]{1 - \dfrac{v^2}{c^2}}} = \frac{dt}{d\tau} \qquad (5.31)$$

Donde $"t"$ es el tiempo de coordenada, $"\tau"$ es el tiempo aparente, $"v"$ es la velocidad de un objeto, y $"c"$ es la velocidad de la luz.

$$\gamma = \cosh\left(i^2 e^{\pi + i\pi}\right) = \frac{1}{\sqrt[2]{1 - \tanh^2\left(i^2 e^{\pi + i\pi}\right)}} \qquad (5.32)$$

$$\tanh^2\left(i^2 e^{\pi + i\pi}\right) = -\tanh^2\left(e^{\pi + i\pi}\right) = \frac{v^2}{c^2} \qquad (5.33)$$

$$\frac{v}{c} = \tanh\left(i^2 e^{\pi + i\pi}\right) = -\left(\frac{e^{(\pi + i\pi)} - e^{-(\pi + i\pi)}}{e^{(\pi + i\pi)} + e^{-(\pi + i\pi)}}\right) \qquad (5.34)$$

$$i^2 e^{(\pi + i\pi)} = -\sqrt[2]{\frac{c + v}{c - v}} \qquad (5.35)$$

$$i^2 e^{-(\pi + i\pi)} = -\sqrt[2]{\frac{c - v}{c + v}} \qquad (5.36)$$

$$\frac{dt}{d\tau} = \frac{1}{\sqrt[2]{1 - \dfrac{v^2}{c^2}}} = \frac{1}{\sqrt[2]{1 - \left(\dfrac{e^{(\pi + i\pi)} - e^{-(\pi + i\pi)}}{e^{(\pi + i\pi)} + e^{-(\pi + i\pi)}}\right)^2}} \qquad (5.37)$$

$$= \frac{1}{\sqrt[2]{\left(\dfrac{e^{(\pi + i\pi)} + e^{-(\pi + i\pi)}}{e^{(\pi + i\pi)} + e^{-(\pi + i\pi)}}\right)^2 - \left(\dfrac{e^{(\pi + i\pi)} - e^{-(\pi + i\pi)}}{e^{(\pi + i\pi)} + e^{-(\pi + i\pi)}}\right)^2}}$$

Como se indica en mi libro "Una Teoría Dinámica del Espacio-Tiempo: Un Asunto de Ondas", es interesante observar que el primer término que se multiplica dt^2 indica la condición durante la expansión espaciotemporal que es igual a "1", cuando la onda avanzada es compensada por la onda retrasada. El segundo término indica la condición durante la expansión espaciotemporal que es igual a una fracción, cuando hay una onda restante después de la interferencia de las ondas avanzadas y retrasadas. La diferencia entre los dos términos es también una fracción que cuando se multiplica por el tiempo de coordenada al cuadrado, dt^2, es igual al tiempo aparente al cuadrado, $d\tau^2$. Por eso, la ecuación anterior para la interferencia de ondas espaciotemporales demuestra una posible explicación para la Relatividad General cuando un objeto de masa se mueve en una dirección espaciotemporal a una velocidad inferior a la velocidad de la luz. Las ecuaciones matemáticas anteriores confirman que un principio cuántico de la relatividad especial es inherente a "Una Teoría Dinámica del Espacio-Tiempo" como teoría cuántica de la gravitación.

Capítulo 2

El Espacio-Tiempo y la Masa

§ 1. La expansión del espacio-tiempo.

¿Cuál es la realidad física del vacío en expansión? ¿Qué se está expandiendo exactamente en el espacio-tiempo? ¿Por qué se produce el fenómeno de expansión? ¿Qué procesos físicos están causando la expansión y aceleración del espacio-tiempo?

¿Cuál es la curvatura escalar en un espacio-tiempo de seis dimensiones de una estrella supernova por la densidad de masa y la energía de este fenómeno de la naturaleza?

La curvatura escalar de "una estrella supernova esférica" puede describirse por la cantidad de cambio en su volumen esférico en un espacio-tiempo curvo a su volumen esférico en un espacio Minkowski.

(La Presión · La Velocidad de la Luz) ≡ La Densidad de la Energía
Einsteiniana

$$G_{\mu\nu} = \frac{8\pi r}{hg}\left(E_{\mu\nu} - \tilde{\Lambda}_{\mu\nu}\right) \qquad (1.1)$$

Donde $"h"$ es la constante Planck, $"g"$ es la aceleración gravitacional, $"r"$ es el radio de la supernova esférica, $E_{\mu\nu}$ es el tensor

Einsteiniano de estrés-energía-impulso para seis dimensiones, y $\tilde{\Lambda}_{\mu\nu}$ es el tensor cosmológico Einsteiniano de estrés-energía-impulso para seis dimensiones.

$$R_{\mu\nu} - \frac{1}{(n-1)}g_{\mu\nu}R = \frac{8\pi r}{hg}\left(E_{\mu\nu} - \tilde{\Lambda}_{\mu\nu}\right) \qquad (1.2)$$

Usando $n = 6$ para seis dimensiones espaciotemporales, $"\omega"$ es la frecuencia angular, ρ_E para la densidad de energía Einsteiniana, y p_E para la presión Einsteiniana, obtenemos

$$R_{\mu\nu} - \left(\frac{1}{5}\right)g_{\mu\nu}R = -\frac{8\pi}{h\omega^2}\left(-3\rho_E + 3p_E\right) \qquad (1.3)$$

De investigaciones anteriores, se encontró que el tensor métrico se puede obtener de la materia cosmológica y la energía, y las ondas gravitacionales cosmológicas del campo gravitacional presente a través de una región del espacio-tiempo vacío cuyo límite es el potencial Newtoniano. (Nieves, 2020)

Ya que $g^{\mu\nu}g_{\mu\nu} = 6$ en una variedad Riemanniana que es casi plana de seis dimensiones, tenemos

$$\left[\left(\frac{5}{5}\right)R - \left(\frac{6}{5}\right)R\right] = -\frac{8\pi r}{hg}\left(-3\rho_E + 3p_E\right) \qquad (1.4)$$

$$-\left(\frac{1}{5}\right)R = -\frac{8\pi r}{hg}\left(-3\rho_E + 3p_E\right) \qquad (1.5)$$

$$-R = -\frac{40\pi r}{hg}\left(-3\rho_E + 3p_E\right) \qquad (1.6)$$

$$6\left(\frac{\ddot{a}}{ac^2} + \frac{\dot{a}^2}{a^2c^2} + \frac{k}{a^2}\right) = \frac{40\pi r}{hg}\left(-3\rho_E + 3p_E\right) \qquad (1.7)$$

$$\left(\frac{\ddot{a}}{ac^2} + \frac{\dot{a}^2}{a^2c^2} + \frac{k}{a^2}\right) = \frac{20\pi r}{hg}\left(-\rho_E + p_E\right) \qquad (1.8)$$

$$\left(\frac{\ddot{a}}{ac^2} + \frac{\dot{a}^2}{a^2c^2} + \frac{k}{a^2}\right) = \frac{10r}{\hbar g}\left(-\rho_E + p_E\right) \qquad (1.9)$$

Reformulando la ecuación de campo de seis dimensiones para una supernova esférica, tenemos

$$R_{\mu\nu} - \frac{1}{(n-1)} g_{\mu\nu} R = \frac{4r}{\hbar g} \left(E_{\mu\nu} - \tilde{\Lambda}_{\mu\nu} \right) \qquad (1.10)$$

Si un cuerpo con masa *"m"* tiene una carga *"q"*, encontramos

$$\frac{r}{hg} = \frac{1}{mass \cdot c} \cdot \frac{1}{g} = \frac{1}{mass \cdot c} \cdot \left(\frac{s^2}{m} \cdot \frac{m^2}{m^2} \right) \qquad (1.11)$$

$$= \frac{1}{mass \cdot c} \cdot \left(\frac{q^2}{Vol.} \right) = \frac{q}{mass \cdot c} \cdot \frac{q}{Vol.}$$

$$\frac{r}{hg} = \frac{q}{mass \cdot c} \cdot Q \qquad (1.12)$$

Donde *"Q"* es la densidad de carga aparente. Por lo tanto, podemos expresar la ecuación de campo electrogravítico en seis dimensiones para una supernova esférica como

$$R_{\mu\nu} - \frac{1}{(n-1)} g_{\mu\nu} R = \frac{8\pi q}{mc} \left(Q_{\mu\nu} \right) \left(E_{\mu\nu} - \tilde{\Lambda}_{\mu\nu} \right) \qquad (1.13)$$

$$R_{\mu\nu} - \frac{1}{(n-1)} g_{\mu\nu} R = \frac{8\pi\omega}{\vec{\Phi}_{\mu\nu}} \left(Q_{\mu\nu} \right) \left(E_{\mu\nu} - \tilde{\Lambda}_{\mu\nu} \right) \qquad (1.14)$$

De investigaciones anteriores, una carga *"q"* (en Coulombs) se define como el producto de una longitud espacial y una distancia temporal, $Q_{\mu\nu}$ es el tensor de densidad de carga aparente, y $\vec{\Phi}_{\mu\nu}$ es el tensor de campo eléctrico resultante. (Nieves, 2020)

Ahora es un buen momento para hacer una pregunta retórica, si el tensor de densidad de carga aparente representa una carga de CC significativa y el tensor de campo eléctrico resultante representa un campo eléctrico alterno y rectificado, de modo que la fuerza exterior del campo por Coulomb mantiene un valor constante del campo eléctrico combinado CA/CC alrededor de la geometría del cuerpo de masa, ¿Causaría una variación de la densidad de carga una variación de la curvatura espaciotemporal sobre el cuerpo de la masa?

$$\vec{\Phi}_{\mu\nu} = \vec{\Phi}_{DC} \pm \vec{\Phi}_{AC} \qquad (1.15)$$

§ 2. Una discrepancia en las ecuaciones de campo de Einstein.

De una entrevista filmada de Paul A.M. Dirac por el físico Friedrich Hund circa 1982 en Göttingen en el Institut für den Wissenschaftlichen:

Dirac dijo que el tiempo y la distancia calculados por la ecuación de Einstein no es el mismo que el tiempo y la distancia proporcionados por un reloj atómico. Por lo tanto, hay una discrepancia entre un reloj atómico muy preciso y la ecuación de Einstein. Dirac comparó una fuerza gravitacional debilitante en relación con una fuerza electromagnética. Dirac dijo durante una entrevista: "Durante el trabajo reciente he estado muy preocupado por la Relatividad General de Einstein y creo que los tiempos y distancias que se van a utilizar en la Relatividad General de Einstein no son los mismos que los tiempos y distancias que proporcionarían los relojes atómicos."

"Hay buenas razones teóricas para creer que es así y para creer que las fuerzas gravitacionales se están debilitando en comparación con las fuerzas eléctricas a medida que el mundo envejece. Hay algunas pruebas observacionales para eso. Observaciones de la luna que se han hecho con precisión durante siglos con respecto al tiempo, y otras observaciones proporcionadas por la Teoría Einstein que se han hecho desde mil novecientos cincuenta y cinco con relojes atómicos, han proporcionado evidencia de una diferencia entre las dos. La evidencia no es tan completa como uno quisiera tener, la gente todavía está trabajando en este tema, en particular con el Viking Lander que fue puesto en Marte en 1976. Uno es capaz de enviar ondas de radar a Marte y recuperar las ondas reflejadas y se puede medir en tiempo atómico cuánto tiempo tardan estas ondas en ir a Marte y regresar. Los resultados que uno obtiene son desafortunadamente muy complicados porque hay muchas perturbaciones allí. Hay perturbaciones causadas incluso por meteoros. Hay muchos más meteoros que pasan cerca de Marte que están pasando cerca de la Tierra, y todas estas perturbaciones tienen que ser tomadas en cuenta. Bueno, hay gente que todavía está trabajando en este tema, y espero que obtengan una respuesta definitiva muy pronto sobre la pregunta sobre si hay estos dos tiempos, el tiempo de Einstein y el tiempo atómico, con una diferencia entre ellos."

¿Se debe esto a la unidimensionalidad del tiempo y a la tridimensionalidad del espacio en las ecuaciones de Einstein? ¿Se ha resuelto la cuestión de la interpretación de las ecuaciones de la Relatividad General de Einstein? ¿Qué regla espacial se usaría con el reloj atómico para la medición? ¿Qué tan precisa puede ser la medición espacial atómica?

Las discrepancias pueden deberse a la escala. La curvatura puede cambiar dependiendo de la escala de una medida de la distancia o una medición del tiempo. A escala atómica cerca de un gran cuerpo de masa, o a una gran distancia por encima de la superficie de un cuerpo celeste, el tiempo puede correr más rápido que en la superficie del cuerpo masivo o celeste. El segundo de arco o la distancia radial del reloj atómico pueden tener una longitud comprimida, y el tiempo puede ser menos dilatado. La curvatura, la longitud de la distancia espacial, la dilatación de una dimensión del tiempo, no son conformes según la escala.

Por lo tanto, la medición de una distancia espacial, y el paso del tiempo o la dilatación temporal de una dimensión temporal, de una medición astronómica frente a una medición atómica no es conforme según la escala y puede conducir a una discrepancia en la medición y en desacuerdo con el resultado de las ecuaciones de campo de Einstein (ECEs). Las ecuaciones de campo de Einstein deben aplicarse a escala local para el espacio y el tiempo, no son invariables de escala. Es posible que se tenga que añadir un tensor diferencial de curvatura en las ecuaciones de campo de Einstein para compensar por la escala, la expansión o compresión de la longitud radial, y la dilatación temporal, o las diferencias locales en la presión espaciotemporal, así como la torsión.

§ 3. *¿Causaría una variación en la curvatura espaciotemporal una variación en la aceleración gravitacional sobre el cuerpo de la masa? ¡Las mayores verdades de la naturaleza no se esconden de los experimentos impecables!*

Incluso la energía puede ser relativista; la energía cinética relativista es dada por

$$K.E. = mc^2 \left(\frac{1}{\sqrt{1 - \dfrac{v_r}{c^2}}} - 1 \right) \tag{3.1}$$

¿Se puede derivar la ecuación para la ley de Gauss de la ecuación de campo electrogravitico de seis dimensiones?

$$R_{\mu\nu} - \frac{1}{(5)} g_{\mu\nu} R = \frac{8\pi q}{mc} \left(Q_{\mu\nu} \right) \left(E_{\mu\nu} - \tilde{\Lambda}_{\mu\nu} \right) \tag{3.2}$$

$$-\frac{1}{5} R = \frac{8\pi q}{mc} \left(Q_{\mu\nu} \right) \left(E_{\mu\nu} - \tilde{\Lambda}_{\mu\nu} \right) \tag{3.3}$$

$$-\frac{1}{5q} \frac{\partial^2 \left(mass \cdot c^3 \right)}{\partial r^2} = 8\pi c \left(\frac{qc^3}{Vol.} \right) \left(\frac{Einsteinian\ Energy}{Vol.} \right) \tag{3.4}$$

Dividiendo ambos lados de la ecuación por la velocidad de luz "c", con $n = 3$ para convertir energía de 6 a 4 dimensiones espaciotemporales, obtenemos

$$-\frac{1}{q} \frac{\partial^2 \left(mass \cdot c^2 \right)}{\partial r^2} = 8\pi \left(\frac{qc^2}{Vol.} \right) \left(\frac{Energy}{Vol.} \right) \tag{3.5}$$

$$\frac{1}{q} \frac{\partial^2 \left(\frac{1}{2} mass \cdot c^2 \right)}{\partial r^2} = 4\pi q \left(-\frac{1}{m^3} \right) \left(\frac{J}{m^3} \right) \left(\frac{r^2}{t^2} \right) \tag{3.6}$$

Donde "F" es una fuerza cuatridimensional de divergencia y "a" es una aceleración, c^2/r.

$$\frac{1}{q} \int \frac{\partial \left(ma \dfrac{dr}{dt} \right)}{\partial r} dt = 4\pi q \left(-\frac{1}{m^2} \right) \left(\frac{J}{m^3} \right) \left(\frac{r}{t^2} \right) \int \frac{dr}{dt} dt \tag{3.7}$$

$$\frac{1}{q}\frac{\partial\left(mass\cdot a\cdot r\right)}{\partial r} = 4\pi q\left(-\frac{1}{m^2}\right)\left(\frac{J}{m^3}\right)\left(\frac{r}{t^2}\right)(r) \qquad (3.8)$$

$$\frac{1}{q}\frac{\partial F}{\partial r} = 4\pi\left(-\frac{q}{m^2}\right)\left(\frac{N\cdot m^2}{m^3\cdot s^2}\right) \qquad (3.9)$$

La Carga $\equiv$ La Distancia Espacial $\cdot$ La Distancia Temporal (3.10)

$$q_p = l_p\cdot t_p \qquad \text{(en unidades Planck)} \qquad (3.11)$$

$$\frac{1}{q}\frac{\partial F}{\partial r} = 4\pi\left(-\frac{q}{m^3}\right)\left(\frac{N\cdot m^2}{m^2\cdot s^2}\right) = 4\pi\left(-\frac{q}{m^3}\right)\left(\frac{N\cdot m^2}{q^2}\right) \qquad (3.12)$$

$$= 4\pi\left(\rho_q\right)\left(\frac{1}{\varepsilon_0}\right)$$

Donde $\vec{E}$ es un campo eléctrico.

$$\frac{\partial\vec{E}}{\partial r}\vec{a}_r = \frac{\partial\vec{E}_x}{\partial x}\vec{a}_x + \frac{\partial\vec{E}_y}{\partial y}\vec{a}_y + \frac{\partial\vec{E}_z}{\partial z}\vec{a}_z = 4\pi\left(\rho_q\right)\left(\frac{1}{\varepsilon_0}\right) \qquad (3.13)$$

$$\nabla\cdot\vec{E} = \frac{4\pi\rho_q}{\varepsilon_0} \qquad \text{(Ley de Gauss)} \qquad (3.14)$$

Donde "ρ_q" es la densidad de la carga negativa aparente ($-q/m^3$), y "ε_0" es la permisividad del espacio libre.

En retrospectiva, el eminente físico Albert Einstein habría sido capaz de derivar las ECEs electrograviticas de seis dimensiones de la Ley de Gauss. ¡Claro, la retrospectiva puede predecir el pasado!

Las ECEs de Einstein de cuatro dimensiones utilizan la constante gravitacional de Einstein "κ" para el recíproco de una fuerza que es igual a

29

$$\kappa = \frac{8\pi G}{c^4} \approx 2.077 \text{ x } 10^{-43} N^{-1} \qquad (3.15)$$

Las ECEs seis dimensionales utilizan la constante *"M"* o *"μ"* de Mileva para el recíproco de la energía/tiempo o la potencia, en honor a la primera esposa de Einstein, una eminente física e investigadora activa durante la creación y formulación conceptual de la Teoría Especial de la Relatividad antes, durante, y después de los papeles del año milagroso de 1905. ¡Si Albert fuera la fuerza, Mileva sería la energía detrás de la Relatividad Especial!

$$\mu = \frac{8\pi G}{c^5} \approx 6.923 \text{ x } 10^{-52} \ W^{-1} \qquad (3.16)$$

§ 4. ¿Cómo se podría definir la aceleración gravitacional "g" en el espacio-tiempo de seis dimensiones en términos de la diferencia en la curvatura escalar y la local cerca de un planeta ambulante acercándose a otro objeto celestial masivo?

Representemos la curvatura escalar resultante y local ξ, con el tensor de curvatura escalar local $K_{\mu\nu}$ de la aceleración gravitacional que actuaría sobre un fotón que viaja entre dos puntos, $P_1(x_1, y_1, z_1)$ y $P_2(x_2, y_2, z_2)$, en un espacio métrico donde hay una curvatura celeste negativa y significativa, como la diferencia entre el tensor de curvatura escalar local $K_{\mu\nu}$ y el tensor de curvatura celeste, $C_{\mu\nu}$.

$$K_{\mu\nu} - C_{\mu\nu} \equiv \frac{8\pi G}{c^5}\left(E_{\mu\nu} - \hat{\Lambda}_{\mu\nu}\right) \qquad (4.1)$$

$$K_{\mu\nu} - C_{\mu\nu} \equiv \frac{4}{\hbar\omega^2}\left(E_{\mu\nu} - \hat{\Lambda}_{\mu\nu}\right) \qquad (4.2)$$

El símbolo " $\equiv$ " es una igualdad que relaciona la curvatura escalar con la densidad de energía Einsteiniana, es decir, cuando se dan valores a las variables de la igualdad, de modo que las expresiones matemáticas a ambos lados del símbolo de igualdad producen el mismo valor para todos los valores de las variables dentro de un cierto rango de validez.

La curvatura escalar local resultante es dada por

$$\xi_{\mu\nu} \equiv \frac{4}{\hbar\omega^2}\left(E_{\mu\nu} - \hat{\Lambda}_{\mu\nu}\right) \qquad (4.3)$$

$$-\xi \equiv \frac{4}{\hbar\omega^2}\left(-\rho_E + p_E\right) \qquad (4.4)$$

La aceleración gravitacional resultante "g" puede expresarse como

$$g = \frac{\hbar\omega^2}{m_{photon}c} = \frac{\hbar\omega^2}{p_{photon}} = \frac{\hbar\omega^2}{\left(\dfrac{h}{\lambda_{photon}}\right)} = \lambda_{photon}\omega^2 \qquad (4.5)$$

$$\hbar\omega^2 \equiv -\frac{8\pi}{\xi}\left(-\rho_E + p_E\right) \qquad (4.6)$$

Por eso, la aceleración gravitacional puede aumentar significativamente a medida que el volumen de la densidad de energía remanente disminuye a medida que la estrella se convierte en una "supernova esférica", aumentando la curvatura escalar desde la curvatura inicial ξ_0, y la energía se emite en el espacio-tiempo más allá del volumen promedio original de la estrella.

$$g \geq -\frac{8\pi}{\left(p_{photon}\right)\xi_0}\left(-\rho_E + p_E\right) \qquad (4.7)$$

$$g \geq -\frac{4\lambda_{photon}}{\hbar\xi_0}\left(-\rho_E + p_E\right) \qquad (4.8)$$

§ 5. ¿Es un universo de bloque dinámico determinista o indeterminista?

Si el estado actual del universo es considerado como el efecto causal de su futuro en desarrollo a medida que el futuro de los tiempos pasa por el presente y el pasado en un universo de bloque, es posible teorizar que un intelecto creativo que tiene la capacidad de interactuar con ese universo en un instante determinado puede experimentar el paso del tiempo de un creador además del tiempo de la interacción. Por lo tanto, el intelecto creativo puede conocer una sola ecuación y sus valores iniciales del universo de bloques para llegar a un cierto instante de una manera determinista mientras que contribuye a un cambio indeterminista de un marco inercial de referencia en un punto arbitrario de interacción en el universo. En tal escenario, la ecuación del universo puede considerarse determinista e indeterminista, o caótica para un observador dichosamente inconsciente.

§ 6. ¿Es el espacio-tiempo continuo o discreto?

Es posible pensar en el espacio-tiempo como un medio continuo en una macroescala para una teoría como la Teoría General de la Relatividad, pero el espacio-tiempo puede consistir en fuentes puntuales a escala Planck donde el espacio-tiempo emerge lleno de eventos en el bloque dinámico del espacio-tiempo. Las fuentes puntuales pueden ser teorizadas para ser túneles inter dimensionales desde el pasado a través del presente hasta el futuro si se utiliza la descripción temporal actual. En ese escenario, el espacio-tiempo es poroso y, en cierto sentido, discontinuo o discreto, ya que tiene nodos de diferente densidad entre los túneles inter dimensionales.

Por lo tanto, el espacio-tiempo se agitaría cerca de la longitud de Planck. Desde esa perspectiva, la suavidad del espacio-tiempo en una macroescala sería una ilusión como la suavidad de la materia es una ilusión a nuestra vista a pesar de que entendemos que la materia es muy porosa. Hay más longitud espacial entre los átomos de la materia que a través de los límites de la masa de cualquiera de sus partículas fundamentales. En consecuencia, la continuidad o la discreción coexisten en la naturaleza proporcionando espacio-tiempo que emerge a nivel fundamental, o suave y estable a nivel de las manifestaciones de masa o materia. El espacio-tiempo es de naturaleza trascendental, mientras que la base de nuestras matemáticas es discreta en beneficio de nuestro intelecto. (Taylor, 1966)

§ 7. La paradoja informativa de un agujero negro.

Es posible teorizar que cuando una partícula cae en un agujero negro la información sobre la partícula se convierte en ondas gravitacionales que son accesibles fuera del agujero negro. La información puede ser sobre la longitud de onda, la amplitud, la carga eléctrica, la presión, la composición, el giro, la densidad, la temperatura, la forma, el tamaño, la masa, etc., de cada partícula. La información está codificada en las correlaciones entre futuras ondas gravitacionales y ondas gravitacionales pasadas que emergen del agujero negro a medida que la partícula es tragada por el agujero negro. A pesar de que la partícula está fuera de la vista para un observador más allá del horizonte de evento del agujero negro, su huella informativa permanece en su universo y está impresa en el espacio-tiempo circundante. La huella de información de la partícula se convierte en parte de la perturbación espaciotemporal del agujero negro. Por lo tanto, la información siempre se conserva. Sin embargo, se cree que el agujero negro restante puede ser descrito sólo por su masa, giro y carga eléctrica. (Meliá, 2007)

Se cree que el espacio-tiempo está lleno de pares de partículas-antipartículas que emergen en existencia debido a efectos cuánticos correlacionados. Cada partícula que cae en el agujero negro lleva energía negativa hacia adentro y rompe su correlación con su partícula de pareja fuera. Entonces, el agujero negro pierde masa constantemente. Como consecuencia, si el agujero negro no se alimenta de ninguna materia ordinaria, entonces eventualmente se evaporaría.

Por lo tanto, toda la historia de la posición de todas y cada una de las partículas existentes en el universo, antes o después, la partícula cae en un agujero negro, se puede remontar a la singularidad del punto. (Wald, 1977) De esta manera, el determinismo cuántico, y la simetría reversible del tiempo, todavía predeciría la evolución futura de una partícula si usted tiene acceso a la historia de la partícula. Las ondas gravitacionales cuánticas de una partícula que cae en un agujero negro fusionan la relatividad general, o la física clásica, con la mecánica cuántica, o la física cuántica. La información se conserva mediante ondulaciones, u ondas, en la superficie, o capa, del horizonte de evento que registraría la información de la partícula radiante cerca del agujero negro.

PARTE II

LA ENERGIA

Capítulo 3

La Presión es igual a la Densidad de Energía: Una Ley Natural

§ 1. ¿Qué es un campo de fuerza?

Un campo de fuerza es una región del espacio-tiempo donde una cantidad puede medirse en cualquier punto espaciotemporal del campo. El campo se puede sentir como una fuerza por partículas elementales, u objetos sumergidos en el campo. El campo de fuerza es el gradiente del estado potencial de campo del medio de onda espaciotemporal en un instante de tiempo dado.

El Kalachakra Mandala, o la rueda del tiempo, puede considerarse respetuosamente como una buena representación del campo espaciotemporal, ya que cualquier punto en el espacio-tiempo puede expandirse o contraerse, en un medio de onda espaciotemporal cíclica.

Si dos espejos ideales se enfrentan entre sí con un material superficial totalmente reflectante, los reflejos entre los dos espejos no tendrían límite, yendo a reflejos infinitos a medida que el tiempo va a la eternidad. Si un observador mirara uno de los espejos, la vista se asemeja a la representación del Kalachakra Mandala, el espacio en expansión de una sola fuente espaciotemporal en la eternidad interna desde el pasado hasta el futuro del tiempo. El efecto de las reflexiones crea una vista de las ondas de la luz como si las ondas de la luz estuvieran viajando a través del espacio-tiempo desde el sumidero hasta la fuente puntual de la expansión del espacio-tiempo, o del tiempo espacial real a imaginario.

La fuerza actual de la fuerza electromagnética clásica en comparación con la fuerza gravitacional clásica es mayor por órdenes de magnitud. Sin embargo, al comienzo del universo antes y después del evento del Big Bang, la fuerza gravitacional se ha debilitado gradualmente debido a la expansión del espacio-tiempo, siendo un campo más lejano, y por la distribución y manifestación de la luz y la masa en todo el universo, mientras que la fuerza electromagnética ha permanecido en gran medida como una fuerza más localizada y cuantificada en distribuciones de carga más condensadas, siendo un campo cercano, o en las estructuras de masa del universo actual.

Como declaró Paul Dirac en la Conferencia Lindau en 1979 sobre su hipótesis de números grandes, la radiación de un cuerpo negro del fondo cósmico de microondas, la frecuencia, y la temperatura disminuyen, la longitud de onda de los componentes y la expansión de la distancia a las galaxias aumentan, de acuerdo con la ley del tiempo usando $\sqrt[3]{t}$. ¿Es posible que Dirac estuviera llegando a conclusiones de su teoría Einstein-De Sitter de grandes números debido a su aceptación, sin saberlo, de la tridimensionalidad del tiempo?

La fuerza de efecto Casimir "F" puede considerarse una fuerza por unidad de área "S" producida por energía negativa, que puede provenir de las partículas virtuales dentro de un puente espaciotemporal similar a una fuente de campo magnético dentro de un puente espaciotemporal transitable, empujando sobre sus paredes. Este puente o túnel espaciotemporal también puede permitir el enredo cuántico entre las partículas.

$$\frac{\partial F}{\partial S} = -\frac{\pi^2 \hbar c}{240 L^4} \tag{1.1}$$

Hoy en día, los físicos teóricos y los investigadores están atravesando puentes espaciotemporales con sus ecuaciones hipotéticas, pero eventualmente, a medida que avance el conocimiento científico, serán los astronautas y los exploradores en sus naves espaciales. En la mecánica cuántica, el entrelazo de los estados de dos partículas es una especie de superposición, pero no todas las superposiciones de los estados de dos partículas están entrelazadas. ¿Sabemos si la gravedad existe a nivel de las partículas? No hemos sido capaces de detectar los efectos gravitacionales a nivel de las partículas. Por lo tanto, ¿no es posible que la gravedad no se aplique en absoluto a esa escala? Entendemos que la gravedad actúa a nivel de las partículas y que se suma a la gravedad que experimentamos a nivel clásico. Se necesita una teoría gravitacional que explique cómo la gravedad es capaz de actuar desde la escala Planck (o escala cuántica) hasta la escala clásica de la

Teoría General de la Relatividad. ¿A qué nivel la gravedad y las tres fuerzas fundamentales se convierten en fenómenos emergentes? ¿Es la composición del espacio-tiempo también un fenómeno emergente? La Teoría Dinámica del Espacio-Tiempo proporciona una explicación y una respuesta a estas preguntas.

§ 2. El campo fotónico.

La estructura del campo fotónico suele estar representada por dos componentes, el campo eléctrico y el campo magnético, en cuadratura. Sin embargo, el campo fotónico puede estar representado por un tercer campo por lo que se pudiera considerar un campo electromagnético triádico. El fotón ha sido descrito como un paquete cuantificado de energía electromagnética que actúa como una partícula, sin masa de descanso, viajando a la velocidad de la luz, que tiene impulso. La energía cuantificada del fotón es dada por el producto de la constante de Planck y la frecuencia del fotón.

Imaginemos un corpúsculo como el componente básico de la luz, ya que el corpúsculo, o fotón, viaja a través del medio espaciotemporal después de que se emite desde una fuente de luz como el sol. La trayectoria del fotón, o campo fotónico, puede representarse como la trayectoria resultante del componente de campo eléctrico y el componente de campo magnético. El campo eléctrico viaja en un plano temporal y el campo magnético viaja en un plano espacial que puede representarse en cuadratura. El campo eléctrico es la traza, o reflexión, del campo fotónico en el plano temporal y el campo magnético es la traza del campo fotónico en el plano espacial. Cada seguimiento muestra cómo cambia el campo fotónico con el tiempo, o sobre el espacio, a medida que se propaga a través del espacio-tiempo. Por lo tanto, la estructura puede considerarse un campo electromagnético triádico.

El campo fotónico viaja en un pequeño ángulo de fase desde el campo eléctrico, ya que el campo eléctrico puede ser órdenes de magnitud mayor que el campo magnético como en $E = vB$, donde v es la velocidad de la luz. Se hipotetiza que este ángulo de fase es el resultado de la masa relativista del fotón a medida que viaja a través del espacio-tiempo. Si la polarización del fotón es en sentido antihorario en la dirección de propagación, el ángulo de fase se está retrasando debido a su masa relativista del fotón. Por lo tanto, la amplitud del campo fotónico está más cerca de la amplitud del campo eléctrico en este caso, independientemente del sentido giratorio de la polarización.

El impulso asociado con el campo fotónico también se asocia con cada componente eléctrico y magnético. El vector cinético radial del campo fotónico también puede estar representado por los vectores eléctricos y magnéticos perpendiculares a la dirección de propagación. El vector cinético puede aumentarse y dirigirse continuamente como una fuerza.

Imaginemos ahora una bobina de cable de fibra óptica conectado a una fuente láser que emite una señal óptica que se rectifica ópticamente a través de un proceso no lineal, se filtra, y luego se propaga a través de toda la longitud del cable. El componente eléctrico se puede filtrar verticalmente y el componente magnético se puede filtrar horizontalmente. Por lo tanto, las oscilaciones rápidas de ambos componentes se rectifican ópticamente y sólo la envolvente de la señal óptica permanecería.

Ambos componentes serían una polarización no lineal cuasi-CC. La producción de pulsos de terahercios y radiación es posible como un efecto secundario en material electro-óptico no absorbente. La polarización puede conmutarse a muy alta velocidad sin límite. La señal óptica polarizada viajaría a través del espacio-tiempo con una velocidad de fase más baja debido a las oscilaciones fonónicas de las celosías atómicas en el material electro-óptico no absorbente que posiblemente irradiaría en una disposición cónica Cerenkov.

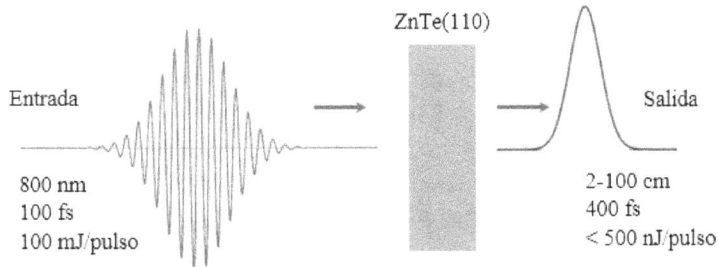

Figura 1. Resonador Óptico o Laser.

Consideremos la propagación de la luz en un resonador óptico a través de un medio homogéneo transparente con un modo de operación y un espejo reflectante al final. Las ondas estacionarias se crean cuando las ondas de luz que viajan de un lado a otro a través del medio interfieren entre sí. Sólo las ondas de luz cuya distancia de ida y vuelta son múltiples enteros de la longitud de onda fundamental se convertirán en una onda estacionaria.

La condición de la luz es autoconsistente, un modo reproduce su amplitud transversal después de completar un viaje de ida y vuelta en el resonador. Durante el viaje de regreso, el perfil del modo puede cambiar de tamaño y forma, conservando al mismo tiempo su rectificación óptica. La fase óptica se reproduce después de un viaje como un múltiple de 2π, y la potencia óptica general puede atenuarse.

Los modos de resonador existen para las frecuencias resonantes (ópticas). El cambio de fase después de un viaje de ida y vuelta depende del patrón de intensidad de un modo. Un resonador láser produce una potencia significativa en el funcionamiento de un solo modo, solamente un modo singular está excitado. En un modo Gaussiano, el resonador láser tendría una calidad de haz ideal, la salida tendría una difracción limitada. Tanto el modo único de operación como el modo Gaussiano de fibra tienen formas similares. Una fibra de modo único garantiza un perfil de intensidad fija en su salida, suponiendo que toda la luz lanzada en los modos de revestimiento, o modos sin guía, se pierda antes de que se alcance el extremo de la fibra.

Sería interesante probar una bobina de este tipo para determinar y optimizar el número de vueltas, el tipo del cable de fibra óptica, el tamaño físico, etc., necesario para medir la fuerza resultante direccional en un campo gravitacional o en el espacio libre. Se pueden conectar varias bobinas en serie o en paralelo para modificar, optimizar y dirigir la fuerza resultante del campo fotónico. Las fibras ópticas pueden disipar calor, producir sonido o vibración, y ondas gravitacionales, a partir de las oscilaciones del modo láser en el medio óptico del resonador óptico. Esta tecnología de rectificación óptica puede tener el potencial de ser una novedosa tecnología de propulsión para una impulsora de campo fotónico. Los bosones elementales, como el fotón, el gluón, el W y el Z, son los portadores de fuerza que funcionan como el pegamento que adhiere la materia. ¿Podrían usarse los gluones, los bosones W o Z, para crear tecnologías de impulsoras de campo bosónico? ¿Qué tipo de fuente de potencia compacta y de acelerador de partículas se pudieran utilizar para una impulsora de campo bosónico?

¿Cómo utilizaría un ingeniero aeronáutico brillante como Juan de la Cierva esta tecnología de propulsión?

Usemos nuestra imaginación para proponer una nave espacial fantástica que Juan de la Cierva y Codorniu, como el padre del helicóptero a principios del siglo XX, llamado autogiro, puede haberse imaginado cuando era un joven inspirado por las ideas de los cuentos de ciencia ficción de E. Gaspar, Jules Verne, o K. Tsiolkovsky, para su entretenimiento cuando no estaba estudiando para sus exámenes universitarios de ingeniería civil. La nave espacial tendría entre 40 y 50 pies de largo, con una forma elipsoidal como un tic-tac, y cuatro patas telescópicas de aterrizaje similares a cuatro vigas. La nave espacial tendría una puerta lateral, diseñada para que se selle aprovechando la diferencia de presión en sus dos lados, en el medio del lado derecho del fuselaje, una cabina sin ventanas con un sistema de visibilidad externo que se conecta a una pantalla curva y cóncava, ventanas circulares laterales que sean delgadas y oblongas, un piloto y un copiloto, y una pintura blanca en el fuselaje para reflejar la luz solar reduciendo así el calor y la radiación. La curvatura espaciotemporal de la impulsora de campo bosónico serviría como un escudo defensivo significativo, una optimización espaciotemporal para una velocidad más rápida y como una capa espaciotemporal de invisibilidad eficaz. La luz solar sería difundida alrededor de la nave espacial por el campo bosónico, ya que la luz del sol rebota para viajar a través del medio espaciotemporal que cambia sus ángulos y la dispersa en todas las direcciones. La luz del sol parecería envolver la nave espacial de una manera más suave y difusa que no proyectaría una sombra tan obscura.

La nave espacial tendría la capacidad de generar suficiente elevación para sostener el vuelo nivelado, flotar, subir y descender, como un autogiro. Un motor cohete Goddard alimentado con combustible líquido podría instalarse bajo el centro del fuselaje para un despegue rápido hasta que la impulsora de campo bosónico estuviera completamente operativa. La impulsora de campo bosónico permitiría a la nave espacial hacer movimientos laterales rápidos, subidas verticales empinadas o descensos rápidos, a una tasa de velocidad increíble sin estampido supersónico. El campo bosónico envolvería la nave espacial y se extendería por bastante distancia, un piloto sería capaz de ver el agua espumarse por debajo de la nave por el efecto de perturbación del agua en el océano si la nave espacial volara a baja altura, o constantemente hiciera movimientos laterales o de vaivén por encima de la superficie del océano.

La impulsadora de campo bosónico consistiría en múltiples bobinas de fibra óptica alrededor de la geometría de la nave espacial que podrían funcionar en tándem para equilibrar, ayudar o contrarrestar, las fuerzas desequilibradas alrededor del vehículo. Estas bobinas podrían conectarse a un bucle troncal de fibra óptica para servir como retorno y como un postquemador bosónico. Esta tecnología sería muy diferente para desarrollar que el control directo del rotor de un autogiro a través de la variación cíclica del ángulo de cabeceo, pero para un inventor tan capaz como Juan de la Cierva, todo sería un asunto de ingeniería. Las bobinas de fibra óptica pueden apilarse para una elevación mayor o para el descenso, pueden instalarse concéntricas o escalonadas en la armazón interior, intermedia o exterior, para facilitar la climatización y la ventilación eficaz, como blindaje contra radiación, y pueden conectarse en serie para el equilibrio durante la flotación o durante el vuelo. La impulsora de campo bosónico puede producir suficiente aceleración gravitacional dentro del vehículo utilizando guías de ondas y resonadores, y fuera de la armazón de la nave para amortiguar o cancelar la inercia durante la aceleración o desaceleración rápida. Sería necesario un sistema de disipación de calor muy seguro para que las bobinas no se sobrecalienten debido a la desintegración de las partículas o la impedancia a plena potencia. Al navegar a través del espacio-tiempo libre a toda velocidad, las bobinas de fibra óptica del sistema de propulsión pueden ser apagadas para el enfriamiento o para la conservación de la energía. El sistema de control de la nave requeriría una máquina de Turing de muy alta velocidad (computadora), un conmutador (mecanismo de conmutación), y un sistema de soporte vital para operar en el espacio-tiempo libre.

¿Qué dispositivo podría emitir luz a través de un proceso de amplificación óptica basado en la emisión estimulada de radiación electromagnética? ¿Qué tipo de fuente de energía recargable y muy compacta podría emitir bosones que pueden ser propulsados a través de un acelerador de partículas? Juan de la Cierva era un solucionador muy práctico de retos tecnológicos, sabía que tal vez la tecnología Tesla (una turbina compacta, un dispositivo óptico, un generador compacto) podría proporcionar soluciones. Hoy en día, hay láseres, aceleradores de partículas, computadoras, cables de fibra óptica y la tecnología relacionada, que pueden ayudar a un inventor como Juan de la Cierva a cumplir un idead fantástica de la ciencia ficción.

Las preguntas restantes de Cierva probablemente habrían sido: ¿Ya estaba Nikola Tesla trabajando en una impulsora de campo bosónico? ¿Podría construirse un impulsora de propulsión bosónica en el siglo XX?

§ 3. ¿Por qué la aceleración está representada por una unidad de distancia espacial por cada dos unidades de distancia temporal?

Cada dimensión espacial tiene una dimensión temporal ortogonal. ¿Qué sucede con las dimensiones temporales ortogonales de las otras dos dimensiones espaciales? ¿No estarán en el camino de una dimensión espacial diferente o paralela a ella?

Un segmento espacial unidimensional a lo largo de uno de los ejes de coordenadas rectangulares espaciales puede tener extensiones temporales relacionadas con otros ejes espaciales, ya que el tiempo es tridimensional como el espacio. Por ejemplo, el elemento de distancia temporal de la métrica Friedman-Lemaitre-Robertson-Walker para el espacio-tiempo se da en segundos cuadrados al igual que el elemento de distancia espacial se da en metros cuadrados. El tiempo no es lineal. La existencia del tiempo aparente demuestra que el tiempo no es lineal como el espacio. El tiempo dota de espacio y, a continuación, el espacio dota de más tiempo. Para un segmento espacial unidimensional lineal hay dos extremos, cada extremo del segmento representa una dirección donde el espacio puede dotar de más tiempo emergente. En consecuencia, para cualquier segmento espacial puede haber dos unidades de distancia temporal emergiendo en ambos extremos. La aceleración es la proporción dimensional de la distancia espacial recorrida por un objeto a través de un segmento espacial con las distancias temporales que emergen en ambos extremos del segmento de la trayectoria, m/s^2.

En una onda espaciotemporal, la trayectoria en radianes es la distancia espaciotemporal recorrida por una partícula, mientras que el desplazamiento es la mitad del período durante medio ciclo. En este caso, el desplazamiento se identifica como la traducción que asigna la posición inicial a la posición final de la partícula. La dirección espaciotemporal del desplazamiento puede no alinearse con la dirección de coordenadas temporales, o la dirección de coordenadas espaciales, de un sistema de coordenadas rectangulares, para la trayectoria. *La distancia espaciotemporal de la trayectoria en radianes "C" no es relativista, pero el desplazamiento, la distancia espacial de coordenadas "s_x" de la amplitud, y la distancia temporal de coordenadas "t_x" del período, de la onda espaciotemporal, son relativistas y recíprocas.*

Representemos matemáticamente esta relación recíproca.

$$C = 2\pi \cdot \sqrt{\frac{s_x^{\,2} + t_x^{\,2}}{2}} \qquad (3.1)$$

$$\frac{2C^2}{4\pi^2} = \frac{C^2}{2\pi^2} = \frac{\left(\dfrac{C}{\sqrt{2}}\right)^2}{\pi^2} = s_x^{\,2} + t_x^{\,2} \qquad (3.2)$$

$$\pi = \frac{\dfrac{C}{\sqrt{2}}}{\sqrt{s_x^{\,2} + t_x^{\,2}}} \qquad (3.3)$$

Por lo tanto, el valor efectivo de la circunferencia de la función de onda o la onda espaciotemporal dividida por la raíz cuadrada de la suma de los cuadrados (un segmento) de la longitud espacial (el eje semi-mayor) y la distancia temporal (el eje semi-menor) es igual al número trascendental π o a $\left[\left(-\tfrac{1}{2}\right)!\right]^2$. La circunferencia es un espacio absoluto dividido por el espacio-tiempo relativista que resulta en la proporción trascendental π.

En un plano Euclidiano, la trayectoria en radianes "C" de una onda espaciotemporal estacionaria proporciona el valor trascendental de π dado por

$$\pi = \frac{C}{(t_x + s_x) \sum_{n=0}^{\infty} \binom{0.5}{n}^2 \left[\frac{(t_x - s_x)^2}{(t_x + s_x)^2} \right]^n} \qquad (3.4)$$

$$\pi = \frac{C}{(t_x + s_x) \left(1 + \frac{1}{4} \left[\frac{(t_x - s_x)^2}{(t_x + s_x)^2} \right] + \frac{1}{64} \left[\frac{(t_x - s_x)^2}{(t_x + s_x)^2} \right]^2 + \frac{1}{256} \left[\frac{(t_x - s_x)^2}{(t_x + s_x)^2} \right]^3 + \dots \right)} \qquad (3.5)$$

En consecuencia, de investigaciones anteriores, el número trascendental π puede estar representado por una aceleración de un área, pero representa la proporción relativista emergente de la geometría topológica de una función de onda espaciotemporal a nivel cuántico. (Nieves, 2020) Por lo tanto, el número trascendental π es relativista en su naturaleza espaciotemporal geométrica.

Es interesante señalar que la suma de los ángulos dentro de un triángulo en un plano Euclidiano es igual a π. La curvatura total de un triángulo geodésico equivale a la desviación de la suma de sus ángulos de π. Los atributos de la Teoría Especial o la General de la Relatividad provienen de una Teoría Cuántica de la Mecánica Cuántica. El atributo relativista cuántico de la función de onda espaciotemporal se escala hasta el mundo clásico que nos rodea en nuestro universo.

En su definición más simple, la curvatura es la cantidad numérica por la que una curva se desvía de una línea recta, o una superficie curva se desvía de un plano Euclidiano. La curvatura de un espacio, o de una superficie, que es localmente isotrópica y homogénea se describe mediante una sola curvatura Gaussiana.

La curvatura puede definirse como la cantidad numérica por la que una superficie espaciotemporal Gaussiana se desvía de ser un plano espaciotemporal Euclidiano. Una curvatura Gaussiana se puede definir sin referencia a un espacio de incrustación, una superficie espacial bidimensional intrínsecamente curvada es un ejemplo simple de una variedad Riemanniana.

El escalar de Ricci, o la curvatura escalar, es la invariable de curvatura más simple de una variedad Riemanniana. La curvatura escalar viene dada por un solo número real para cada punto de una variedad Riemanniana determinada por la geometría intrínseca cerca del punto.

La curvatura escalar puede describirse por la cantidad de cambio en el volumen de una pequeña bola geodésica en una variedad Riemanniana del volumen de la misma bola en un espacio Euclidiano.

Imaginemos un triángulo variable en un espacio métrico como un conjunto de puntos en conjunto con una métrica. La función de la métrica define una distancia entre dos puntos cualquiera del conjunto. La métrica satisface las propiedades topológicas de la superficie Gaussiana espaciotemporal.

La curvatura de la superficie espaciotemporal Gaussiana es una medida intrínseca que sólo depende de las distancias que se miden en la propia superficie.

La superficie triangular variable se mueve de tal manera que la suma de los recíprocos de sus intersecciones en los tres ejes de coordenadas Cartesianas es una constante "d".

El ángulo interior de cualquiera de sus tres esquinas es igual al arco sinusoidal de dos veces el área del triángulo dividida por el producto de las longitudes de los segmentos de los dos lados de la esquina que tiene el ángulo interior.

$$\theta_x = Arc\,Sin\left(\frac{2 \cdot Area}{\overline{ac} \cdot \overline{ab}}\right) \tag{3.6}$$

Donde a, b, y c son las intersecciones en los ejes x, y, y z, respectivamente.

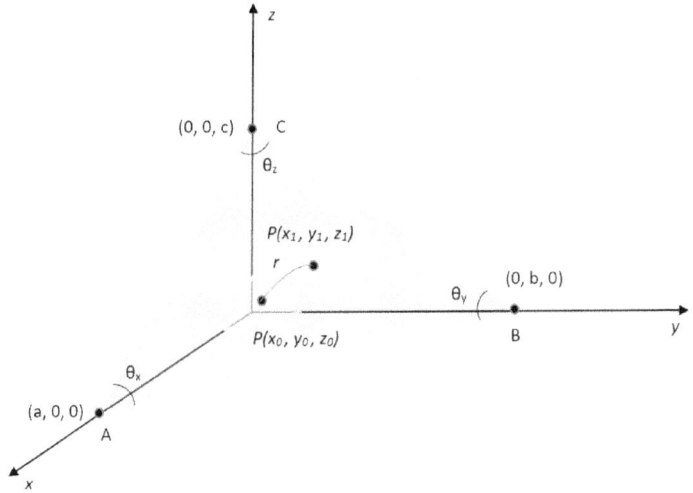

Figura 2. Una superficie triangular variable.

Dado que la suma de los recíprocos de las intersecciones en los ejes de coordenadas Cartesianos es igual a una constante "d", tenemos

$$\frac{1}{a}+\frac{1}{b}+\frac{1}{c}=d \qquad (3.7)$$

donde "d" es una constante cuya ecuación se puede denotar como

$$\frac{1}{a}\left(\frac{1}{d}\right)+\frac{1}{b}\left(\frac{1}{d}\right)+\frac{1}{c}\left(\frac{1}{d}\right)=1 \qquad (3.8)$$

La ecuación anterior indica que la superficie triangular pasa a través del punto fijo $P\left(\dfrac{1}{d},\dfrac{1}{d},\dfrac{1}{d}\right)$.

La superficie triangular se encuentra con los ejes de coordenadas Cartesianos en A, B y C, respectivamente, de modo que las intersecciones en los ejes x, y, y z son: $a = OA$, $b = OB$, y $c = OC$. Denotemos la superficie triangular como $\vec{r} \cdot \vec{p} = d$.

Los vectores de distancia espacial en los puntos A, B, y C, son: $a\vec{e}_x$, $b\vec{e}_y$, $c\vec{e}_z$.

Dado que los puntos A, B, y C se encuentran en la superficie triangular, obtenemos

$$\vec{e}_x \cdot \vec{p} = \frac{d}{a} \tag{3.9}$$

$$\vec{e}_y \cdot \vec{p} = \frac{d}{b} \tag{3.10}$$

$$\vec{e}_z \cdot \vec{p} = \frac{d}{c} \tag{3.11}$$

Por lo tanto, sustituyamos por $\vec{r}$ para llegar a la forma de intersección de la superficie triangular variable,

$$\vec{r} = x\vec{e}_x + y\vec{e}_y + z\vec{e}_z \tag{3.12}$$

$$\vec{r} \cdot \vec{p} = x\vec{e}_x \cdot \vec{p} + y\vec{e}_y \cdot \vec{p} + z\vec{e}_z \cdot \vec{p} = d \tag{3.13}$$

$$x\left(\frac{d}{a}\right) + y\left(\frac{d}{b}\right) + z\left(\frac{d}{c}\right) = d \tag{3.14}$$

En consecuencia, la forma de intersección de la ecuación de superficie triangular variable es dada por

$$\frac{x}{a} + \frac{y}{b} + \frac{z}{c} = 1 \tag{3.15}$$

Es interesante observar que las altitudes de una superficie triangular equilátera y variable se intersectan en el ortocentro. La altitud, el bisector perpendicular, el bisector angular y la mediana desde el ángulo del vértice hasta la base de un triángulo equilátero son todos los mismos segmentos.

La curvatura total de un triángulo geodésico en una superficie Gaussiana equivale a la desviación de la suma de sus ángulos interiores de π. Si una superficie tiene una curvatura total positiva, la suma de los ángulos de un triángulo geodésico en esa superficie superará π. Si tiene curvatura total negativa, la suma de los ángulos interiores será inferior a π. Si un triángulo está en un plano Euclidiano, que es una superficie plana con curvatura total cero, los ángulos interiores se sumarán precisamente a π radianes.

Para variedades y superficies de mayor dimensión que están incrustados en un espacio Euclidiano, el concepto de curvatura es complejo y depende de la dirección elegida para la variedad o la superficie.

El concepto de curvatura escalar radial se basa en la capacidad de comparar un espacio curvo con otro espacio que tiene cero curvatura, o una curvatura constante como un sector en una esfera.

Definamos el operador de curvatura escalar radial como:

El operador de curvatura radial espacial,

$$\Gamma_\nabla^2 = \pi^2 \cdot \nabla^2 = \pi^2 \left(\frac{\partial^2}{\partial x_0^2} + \frac{\partial^2}{\partial y_0^2} + \frac{\partial^2}{\partial z_0^2} \right) \qquad (3.16)$$

El operador de curvatura radial temporal,

$$\Gamma_\odot^2 = \frac{\pi^2}{c^2} \cdot \odot^2 = \frac{\pi^2}{c^2} \left(\frac{\partial^2}{\partial t_{x_0}^2} + \frac{\partial^2}{\partial t_{y_0}^2} + \frac{\partial^2}{\partial t_{z_0}^2} \right) \qquad (3.17)$$

El operador de curvatura radial espaciotemporal,

$$\Gamma_{SP}^2 = \Gamma_\nabla^2 + \Gamma_\odot^2 \qquad (3.18)$$

Aplicación del operador en la función de onda compleja,

$$\Gamma_{SP}^2 \Psi(r,t) = \Gamma_\nabla^2 \Psi(r) + \Gamma_\odot^2 \Psi(t) \qquad (3.19)$$

Describamos ahora matemáticamente cómo es posible utilizar un triángulo como medida radial de curvatura escalar en un punto cuántico arbitrario o en un punto clásico desde un origen de curvatura cero con ángulos interiores dentro de un triángulo igual a θ_0 en una región del espacio-tiempo.

Imaginemos un triángulo en una variedad espaciotemporal que no tiene curvatura con cada esquina en cada uno de los ejes positivos x, y, y z. Entonces, imaginemos también un segundo triángulo más lejos en una variedad espaciotemporal con curvatura, con cada esquina en cada uno de los ejes positivos x, y, y z. La distancia $"r"$ de un segmento espacial aparente desde el punto del ortocentro del primer triángulo $P(x_0, y_0, z_0)$ hasta el punto del ortocentro del segundo triángulo $P(x_1, y_1, z_1)$ representa una distancia radial de curvatura escalar. Cada ángulo interior del triángulo sería identificado por el eje más cercano a él.

$$\vec{r} = |r| \angle \phi = |r| e^{\sqrt{\pi}(\phi)} \vec{a}_r \tag{3.20}$$

Para los ejes positivos elegidos, tenemos

$$r = (r_1 - r_0) = \sqrt[2]{(x_1 - x_0)^2 + (y_1 - y_0)^2 + (z_1 - z_0)^2} \tag{3.21}$$

$$\tau = (t_1 - t_0) = \sqrt[2]{(t_{x_1} - t_{x_0})^2 + (t_{y_1} - t_{y_0})^2 + (t_{z_1} - t_{z_0})^2} \tag{3.22}$$

$$\phi = (\theta_1 - \theta_0) + (\theta_2 - \theta_0) + (\theta_3 - \theta_0) = \theta_x + \theta_y + \theta_z \tag{3.23}$$

La curvatura se puede definir por el cuadrado de la derivada del ángulo θ de un sector con respecto a la longitud de su arco S.

$$S = r\theta \quad \text{(Un Sector)} \tag{3.24}$$

$$\frac{1}{r^2} = \left(\frac{\partial \theta}{\partial S}\right)^2 \equiv \left(\frac{\text{el cambio en el angulo } \theta}{\text{el cambio en radianes}}\right)^2 \tag{3.25}$$

Por lo tanto, podemos describir la curvatura en una onda espaciotemporal como el cuadrado de la proporción del cambio en la distancia de coordenadas temporales con el cambio en la distancia de la trayectoria en radianes, para producir el recíproco del área de la superficie de curvatura. Es interesante observar que la superficie de curvatura emerge como una superficie temporal para manifestar su recíproco como una curvatura espacial.

Para la curvatura escalar radial de un triángulo cuando el cambio en radianes es igual a π,

$$R = \frac{\partial^2\left(-\left[\Psi(r)\right]^2\right)}{\partial r^2} = \frac{\partial^2\left\{\left(\dfrac{1}{\ln e^{-r}}\right)\right\}}{\partial r^2} \tag{3.26}$$

$$= \frac{\partial^2\left[-\dfrac{1}{r}\right]}{\partial r^2} = \frac{1}{r^2}$$

$$R = \frac{\partial^2\left(-\left[\Psi(r)\right]^2\right)}{\partial r^2} \tag{3.27}$$

$$= \left(\frac{\partial(\theta_1-\theta_0)}{\partial S}\right)^2 + \left(\frac{\partial(\theta_2-\theta_0)}{\partial S}\right)^2 + \left(\frac{\partial(\theta_3-\theta_0)}{\partial S}\right)^2$$

$$= \frac{\partial\theta_x^2}{\pi^2} + \frac{\partial\theta_y^2}{\pi^2} + \frac{\partial\theta_z^2}{\pi^2}$$

$$\pi^2\left(\frac{\partial^2\Psi_x^2}{\partial x_0^2} + \frac{\partial^2\Psi_y^2}{\partial y_0^2} + \frac{\partial^2\Psi_z^2}{\partial z_0^2}\right) = \partial\theta_x^2 + \partial\theta_y^2 + \partial\theta_z^2 \tag{3.28}$$

$$R = \frac{\partial^2\left(-\left[\Psi(ct)\right]^2\right)}{c^2\partial t^2} = \frac{\partial\theta_{t_{x0}}^2}{\pi^2} + \frac{\partial\theta_{t_{y0}}^2}{\pi^2} + \frac{\partial\theta_{t_{z0}}^2}{\pi^2} \tag{3.29}$$

$$\pi^2\left(\frac{\partial^2\Psi_{t_x}^2}{\partial t_{x_0}^2} + \frac{\partial^2\Psi_{t_y}^2}{\partial t_{y_0}^2} + \frac{\partial^2\Psi_{t_z}^2}{\partial t_{z_0}^2}\right) = \partial\theta_{t_{x0}}^2 + \partial\theta_{t_{y0}}^2 + \partial\theta_{t_{z0}}^2 \tag{3.30}$$

Por eso, la curvatura radial es recíproca a la suma de los cuadrados de los cambios en los ángulos interiores del triángulo. La curvatura escalar radial aumenta si la suma de los cambios de los ángulos interiores es positiva, aumenta la curvatura positiva. Por el contrario, la curvatura escalar radial disminuye si la suma de los cambios de los ángulos interiores es negativa, aumenta la curvatura negativa, ya que los ángulos interiores se comparan con los ángulos interiores del triángulo a curvatura cero en el espacio plano.

Donde R es un número real que representa el trazado de la curvatura escalar radial en un punto $p(x, y, z)$ en la superficie de un triángulo, $"r"$ es la distancia radial, $"\tau"$ es el tiempo apropiado, π es un número trascendental, $\odot^2$ es el operador tem doble, $\Psi(r)$ es la función de onda espacial igual a $1/\sqrt{r}$, pero la segunda derivada de la función de onda cuadrada negativa o temporal con respecto a $"r"$, es la curvatura escalar radial del espacio, $d^2\left(-\left[\Psi(r)\right]^2\right)\Big/dr^2 = 1/r^2$, y θ_n es un ángulo interior de un triángulo que puede o no ser geodésico.

Por lo tanto, *la función de onda representa la curvatura del espacio-tiempo como una onda resultante producida por la interferencia de las ondas espaciotemporales en cada punto espaciotemporal*. Cuanto más energía (de los campos o las partículas) esté presente en la función de onda única, mayor será la frecuencia de la función de onda y mayor será la curvatura. En el sistema cuántico total de múltiples partículas, a pesar de que cada partícula tiene su propia función de onda, hay una sola función de onda total que representa todas las partículas.

La función de onda total consiste en la función de onda espacial y el espín. Dos fotones (dos bosones), que comparten el mismo estado cuántico, siempre tienen una función de onda simétrica total, las extensiones de onda se refuerzan entre sí a medida que la onda superficial oscila. Por otro lado, dos electrones, que no comparten el mismo estado cuántico, siempre tienen una función de onda total antisimétrica, sus funciones de onda se compensarían entre sí y su probabilidad sería cero.

Con la exclusión de todas las demás fuerzas entre las partículas, la función de onda total manifestaría una atracción simétrica espaciotemporal o una repulsión antisimétrica, en la geometría de la función de onda total, que depende de las funciones de onda y los espines de las partículas implicadas. Los electrones, y otros fermiones, pueden tener funciones de onda simétricas en su nivel de energía más bajo, incluso si sus espines son antisimétricos. Sus ondas de los electrones pueden alternarse al unísono, pero los espines pueden alternarse fuera de fase. Aparte, a temperaturas muy bajas, un par de electrones puede convertirse en un par de Cooper, o un bosón de superconductividad.

La condición de los dos electrones (dos fermiones), de no compartir el mismo estado cuántico, es lo que manifiesta el principio de exclusión de Pauli, que es la afirmación de que no dos fermiones pueden tener el mismo número cuántico. El principio de exclusión de Pauli ocurre cuando las funciones de onda están fuera de fase y se compensan entre sí. El principio de exclusión de Pauli evita que todos los electrones de un átomo caigan al mismo tiempo a su nivel de energía más bajo.

Es interesante señalar que la función de onda emergente es de naturaleza temporal, con una curvatura lineal negativa o positiva, y capaz de producir curvatura no lineal para el tiempo o el espacio.

$$\Psi(r) = \sqrt{-\frac{1}{\ln e^{-r}}} = i\sqrt{\frac{1}{\ln e^{-ct}}} = \frac{1}{\sqrt{r}} = \frac{1}{\sqrt{ct}} \qquad (3.31)$$

El espacio dota al tiempo, luego surge el tiempo, lo que dota de más espacio.

Consideremos un gráfico de un sistema de coordenadas rectangulares de la función de onda unidimensional, $\Psi(r)$, con un eje para $"r"$ (el eje x), llamémoslo el eje r y un eje para la función de onda (el eje y). Un valor de $"r"$ en la función de onda unidimensional representa un valor de la curvatura lineal, $1/r$, en cualquier punto de la curva. La curvatura lineal es el recíproco del exponente del núcleo del crecimiento natural, $e^{\pm r}$. Un valor de $"ct"$ puede sustituirse como equivalente temporal para $"r"$ para analizar la función de onda

51

temporal unidimensional. La distancia vertical de cualquier valor del eje r a un punto de la curva se identifica como la densidad de probabilidad $\left|\Psi\left(r\right)\right|^2$ de encontrar una partícula de punto en la onda en un instante dado de tiempo. Por lo tanto, un gráfico de función de onda unidimensional es un gráfico de "la curvatura lineal versus la distancia espacial" que es útil para visualizar la densidad de probabilidad de la función de onda a lo largo de toda la trayectoria de la onda. Cuanto más pronunciada sea la curvatura de la curva dentro de un rango específico de "r", mayor será la probabilidad de encontrar la partícula en esa distancia de "r", ya que la partícula sigue su trayectoria. Por lo tanto, la densidad de probabilidad es mayor, porque la longitud de la trayectoria es mayor en el rango de "r" donde la curvatura es más pronunciada.

Una función de onda también puede ser bidimensional, $-\left[\Psi\left(r\right)\right]^2$, con curvatura no lineal, $1/r^2$, para la curvatura escalar radial. La curvatura no lineal es el recíproco del exponente cuadrado del núcleo del crecimiento natural, $e^{\pm r}$. Además, es interesante observar que la curvatura lineal o no lineal está relacionada con el núcleo de crecimiento natural que es una onda. Por lo tanto, *la curvatura se produce mediante la interferencia de funciones de onda espaciotemporal*. La distancia "r" es una función del espacio tridimensional (x, y, y z) como se describió anteriormente. Un gráfico de sistema de coordenadas rectangulares tridimensionales con ejes de coordenadas para x, y, y z, para la función de onda bidimensional representaría la ubicación probable de la partícula de punto en el gráfico de la superficie. La distancia entre un punto en el plano x-y y un punto en el gráfico de superficie produce la densidad de probabilidad $\left|-\left[\Psi\left(r\right)\right]^2\right|^2 = \left|\Psi\left(r\right)\right|^4$ de encontrar la partícula de punto en la superficie en un instante dado de tiempo. Por lo tanto, un gráfico de función de onda bidimensional es un gráfico de "la curvatura no lineal versus la superficie espacial" para visualizar la densidad de probabilidad de la función de onda en toda la superficie de la onda. La densidad de probabilidad es mayor, porque el volumen de las trayectorias posibles es mayor en la superficie "r^2" donde la curvatura no lineal es más pronunciada.

§ 4. ¿Podría representarse la curvatura espaciotemporal como la probabilidad? ¿Cómo pueden representarse las ecuaciones de campo de Einstein por una función de onda?

Consideremos un teseracto, que tiene un cubo espaciotemporal interior que es la mitad del cubo espaciotemporal exterior expandido.

Para el volumen de un cubo espaciotemporal interior, la derivada parcial del volumen con respecto al espacio-tiempo es dada por

$$\frac{\partial s^{n-1}}{\partial s} = (n-1)s^{n-2} \tag{4.1}$$

$$s^{n-2} = \frac{1}{(n-1)}\frac{\partial s^{n-1}}{\partial s} \tag{4.2}$$

La derivada del volumen espaciotemporal ilustra las probabilidades de las tres superficies del cubo paralelas a los tres planos de coordenadas Cartesianos. Para cuatro dimensiones, el cubo espaciotemporal exterior se pliega, por lo que el cubo interno se convierte en un volumen espacial tridimensional y el tiempo se trata como no lineal, a pesar de que se considera unidimensional. Se trata de una idea errónea en las ECEs originales, incluida la fracción de "½" para el espacio estático que debe ser "⅓" según lo calculado para el espacio-tiempo de cuatro dimensiones. En matemáticas, un factor de ajuste puede describirse como un término insertado en una fórmula para permitir una incertidumbre, o para hacer algo congruente con un resultado esperado o deseado.

Hay dos factores de ajuste involuntarios, o de buena fe en las ECEs originales, el valor de 6 para el tensor métrico contraído, que si el espacio-tiempo es cuatro dimensiones, debe ser 4, y el triplicado de la densidad de energía "3ρ" en la matriz de cuatro dimensiones del tensor de estrés-energía-impulso para equilibrar el componente de tiempo plegado "ρ" con los tres componentes de espacio-espacio de presión "p".

Sin embargo, para seis dimensiones, tres dimensiones espaciales y tres temporales, la ecuación emerge bellamente y natural para la geometría compleja del espacio-tiempo, la fracción "⅕" representa la materia ordinaria y bariónica no encontrada y la energía del universo, la densidad de energía y la presión del tensor de estrés-energía-impulso tienen coeficientes equilibrados, y la curvatura se eleva a la cuarta potencia para representar la función de onda, sin el tiempo plegado. Por eso, la curvatura espaciotemporal se puede representar como la probabilidad con mayor precisión.

Si $n = 6$, para seis dimensiones, obtenemos

$$\frac{\partial s^5}{\partial s} = 5s^4 \tag{4.3}$$

$$s^4 = \frac{1}{5}\frac{\partial s^5}{\partial s} \tag{4.4}$$

Si $n = 4$, para cuatro dimensiones, obtenemos

$$\frac{\partial s^3}{\partial s} = 3s^2 \tag{4.5}$$

$$s^2 = \frac{1}{3}\frac{\partial s^3}{\partial s} \tag{4.6}$$

El cubo espaciotemporal interno puede denotarse como

$$s_i^2 = \frac{r_i^2 \cdot t_i^2}{2} \tag{4.7}$$

$$r_i^2 \cdot t_i^2 = \frac{2}{3}\frac{\partial \left(\left|\Psi_i\left(r,t\right)\right|\right)^{-3}}{\partial \left(\left|\Psi_i\left(r,t\right)\right|\right)} = \frac{1}{3}\left[\left(2\right)\cdot\left(-3\right)\cdot\left(\left|\Psi_i\left(r,t\right)\right|\right)^{-4}\right] \tag{4.8}$$

$$= \frac{1}{3}\left(\frac{-6}{\left(\left|\Psi_i\left(r,t\right)\right|\right)^4}\right)$$

El cubo espaciotemporal exterior puede expresarse como

$$s_o^2 = r_o^2 \cdot t_o^2 = \frac{1}{\left(\left| \Psi_o \left(r,t \right) \right| \right)^4} \tag{4.9}$$

Del tensor métrico Lorentziano de cuatro dimensiones, dividimos los seis componentes diagonales del tensor Ricci por los mismos componentes diagonales del tensor métrico, para obtener

$$g^{\mu\nu} g_{\mu\nu} = g = 6 \tag{4.10}$$

La Relatividad General se reduce a la Relatividad Especial en regiones espaciotemporales suficientemente planas. Los "$g_{\mu\nu}$" no planos o casi planos pueden reducirse a "$\eta_{\mu\nu}$" (la métrica Minkowski plana) en regiones espaciotemporales suficientemente pequeñas. La métrica plana de Minkowski es la solución para la curvatura cero en las ECEs.

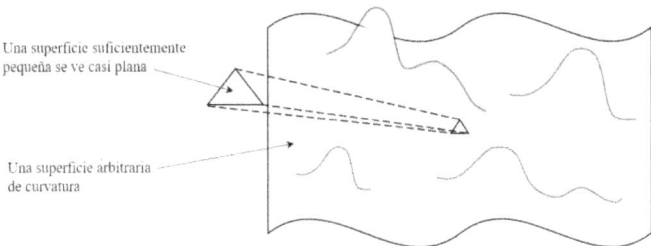

Una superficie suficientemente pequeña se ve casi plana

Una superficie arbitraria de curvatura

Figura 3. Una Región Espaciotemporal Casi Plana.

Los cubos espaciotemporales de seis dimensiones interiores y externos son dados por

$$\frac{1}{\left(\left| \Psi_o \left(r,t \right) \right| \right)^4} - \frac{1}{3}(6) \left(\frac{-6}{\left(\left| \Psi_i \left(r,t \right) \right| \right)^4} \right) \tag{4.11}$$

Las ECEs seis dimensionales pueden denotarse como

$$R_{\mu\nu} - \frac{1}{3}g_{\mu\nu}R = \frac{1}{\left(\left\|\Psi_o(r,t)\right\|\right)^4} - \frac{1}{3}(6)\left(\frac{-6}{\left(\left\|\Psi_i(r,t)\right\|\right)^4}\right) \qquad (4.12)$$

Ensamblando el resto de las ECEs,

$$\frac{1}{\left(\left\|\Psi_o(r,t)\right\|\right)^4} - \frac{1}{3}(6)\left(\frac{-6}{\left(\left\|\Psi_i(r,t)\right\|\right)^4}\right) = -\frac{8\pi G}{c^4}T_{\mu\nu} \qquad (4.13)$$

$$\frac{1}{\left(\left\|\Psi_o(r,t)\right\|\right)^4} - 2\left(\frac{-6}{\left(\left\|\Psi_i(r,t)\right\|\right)^4}\right) = R - 2R = -\frac{8\pi G}{c^4}T_{\mu\nu} \qquad (4.14)$$

$$R - 2(R) = -R = -\frac{8\pi G}{c^4}T_{\mu\nu} \qquad (4.15)$$

$$-\frac{6}{\left(\left\|\Psi_i(r,t)\right\|\right)^4} = -\frac{8\pi G}{c^4}T_{\mu\nu} \qquad (4.16)$$

$$6\left(\frac{\ddot{a}}{ac^2} + \frac{\dot{a}^2}{a^2c^2} + \frac{k}{a^2}\right) = \frac{8\pi G}{c^4}T_{\mu\nu} \qquad (4.17)$$

$$G_{\mu\nu} = \frac{8\pi G}{c^4}T_{\mu\nu} \qquad (4.18)$$

Expresando la función de onda en seis dimensiones en términos de la curvatura de Ricci,

$$s = \frac{1}{\left(\left\|\Psi(r,t)\right\|\right)} = \frac{1}{\sqrt{r}}\cdot\frac{1}{\sqrt{t}} \qquad (4.19)$$

$$s^4 = \frac{1}{\left(\left\|\Psi(r,t)\right\|\right)^4} = \frac{1}{r^2}\cdot\frac{1}{t^2} \qquad (4.20)$$

Por lo tanto, las ECEs de función de onda de seis dimensiones emergen bellamente y naturales a la geometría compleja del espacio-tiempo. La variable espaciotemporal $"s"$ es inversamente proporcional al valor de la curvatura de la función de onda, y ya no es directamente proporcional a una superficie espaciotemporal $"r^2 \cdot t^2"$ de un volumen.

Los cubos espaciotemporales de seis dimensiones interiores y externos son dados por

$$s_i^4 = \frac{r_i^2 \cdot t_i^2}{2} \tag{4.21}$$

$$s_o^4 = r_o^2 \cdot t_o^2 = \frac{1}{\left(\left\|\Psi_o\left(r,t\right)\right\|\right)^4} \tag{4.22}$$

Las ECEs seis dimensionales pueden denotarse como

$$R_{\mu v} - \frac{1}{5} g_{\mu v} R = \left(\frac{5}{5}\right) \frac{1}{\left(\left\|\Psi_o\left(r,t\right)\right\|\right)^4} - \frac{1}{5}(6)\left(\frac{-6}{\left(\left\|\Psi_i\left(r,t\right)\right\|\right)^4}\right) \tag{4.23}$$

$$-\frac{R}{5} = -\frac{8\pi G}{c^5} T_{\mu v} \tag{4.24}$$

$$\frac{6}{\left(\left\|\Psi_i\left(r,t\right)\right\|\right)^4} = \frac{20\pi G}{3c^5} T_{\mu v} \tag{4.25}$$

$$6\left(\frac{\ddot{a}}{ac^2} + \frac{\dot{a}^2}{a^2c^2} + \frac{k}{a^2}\right) = \frac{20\pi G}{c^4}\left(-\rho + p\right) \tag{4.26}$$

Por consiguiente, las ecuaciones de campo de Einstein son ecuaciones de la probabilidad de la función de onda de cualquier objeto de masa o energía. Los ECEs se conceptualizaron en espacio-tiempo tridimensional estático y el tiempo no lineal se estableció como un resultante temporal tridimensional plegado (t^2) para adaptarse a la propiedad bidimensional del espacio-tiempo de Minkowski. Las partículas, los objetos de masa, o la energía, distorsionan el espacio-tiempo, y a medida que el espacio-tiempo se distorsiona, la probabilidad de la curvatura espaciotemporal emerge de las ondas espaciotemporales, y la curvatura espaciotemporal manifiesta el campo gravitacional sobre la geometría del objeto o la energía.

La probabilidad, el área superficial, y la curvatura están intrincadamente relacionadas en el espacio-tiempo. La Mecánica Cuántica fue parte de la Relatividad General desde el principio, o viceversa.

En primer lugar, consideremos la propiedad de la onda del volumen espaciotemporal exterior $r^2 \cdot t^2$ para la función de onda,

$$\left(r^2 \cdot t^2\right)^i = s^i \tag{4.27}$$

$$\left(s^2\right)^i = \left(e^{\ln s^{2i}}\right) = e^{i \ln s^2} \tag{4.28}$$

$$\left(s^2\right)^i = \mathrm{Cos}\left(\ln s^2\right) + i\,\mathrm{Sin}\left(\ln s^2\right) \tag{4.29}$$

$$\left(\frac{1}{\left(\left|\Psi_o\left(r,t\right)\right|\right)^4}\right)^i = \mathrm{Cos}\left(\ln \frac{1}{\left(\left|\Psi_o\left(r,t\right)\right|\right)^4}\right) \tag{4.30}$$

$$+ i\,\mathrm{Sin}\left(\ln \frac{1}{\left(\left|\Psi_o\left(r,t\right)\right|\right)^4}\right)$$

En segundo lugar, consideremos la propiedad de la onda del volumen espaciotemporal interior $\dfrac{r^2 \cdot t^2}{2}$ para la función de onda,

$$\left(\frac{r^2 \cdot t^2}{2}\right)^i = \left(\frac{s^2}{2}\right)^i \qquad (4.31)$$

$$\left(\frac{s^2}{2}\right)^i = \left(e^{\ln\left(\frac{s^2}{2}\right)}\right)^i = e^{i\ln\left(\frac{s^2}{2}\right)} = e^{i\ln\left(\frac{1}{2\left(|\Psi_o(r,t)|\right)^4}\right)} \qquad (4.32)$$

$$\left(\frac{s^2}{2}\right)^i = Cos\left[\ln\left(\frac{s^2}{2}\right)\right] + i\,Sin\left[\ln\left(\frac{s^2}{2}\right)\right] \qquad (4.33)$$

$$\left(\frac{1}{2\left(|\Psi_o(r,t)|\right)^4}\right)^i = Cos\left[\ln\frac{1}{2\left(|\Psi_o(r,t)|\right)^4}\right] \qquad (4.34)$$

$$+i\,Sin\left[\ln\frac{1}{2\left(|\Psi_o(r,t)|\right)^4}\right]$$

¿Produciría el volumen espaciotemporal exterior del teseracto la integración de la ecuación de volumen espaciotemporal interno con respecto a la función de onda?

$$\int\left[\left(\frac{1}{2\left(|\Psi_o(r,t)|\right)^4}\right)^i\right] d\left[2^{-1}\left(|\Psi_o(r,t)|\right)^{-4}\right] \overset{?}{=} r^2 \cdot t^2 \qquad (4.35)$$

$$= \int Cos\left[\ln\frac{1}{2\left(|\Psi_o(r,t)|\right)^4}\right] d\left[2^{-1}\left(|\Psi_o(r,t)|\right)^{-4}\right] \qquad (4.36)$$

$$+ i\int Sin\left[\ln\frac{1}{2\left(|\Psi_o(r,t)|\right)^4}\right] d\left[2^{-1}\left(|\Psi_o(r,t)|\right)^{-4}\right]$$

$$= \left(\frac{1}{2\left(\left|\Psi_o\left(r,t\right)\right|\right)^4} \right)\left(\text{Cos}\left[\ln \frac{1}{2\left(\left|\Psi_o\left(r,t\right)\right|\right)^4} \right] \right. \tag{4.37}$$

$$\left. + \text{Sin}\left[\ln \frac{1}{2\left(\left|\Psi_o\left(r,t\right)\right|\right)^4} \right] \right.$$

$$\left. + i\left(\text{Cos}\left[\ln \frac{1}{2\left(\left|\Psi_o\left(r,t\right)\right|\right)^4} \right] - \text{Sin}\left[\ln \frac{1}{2\left(\left|\Psi_o\left(r,t\right)\right|\right)^4} \right] \right) \right)$$

$$= \left(\frac{1}{2\left(\left|\Psi_o\left(r,t\right)\right|\right)^4} \right)\left(\text{Cos}\left[\ln \frac{1}{2\left(\left|\Psi_o\left(r,t\right)\right|\right)^4} \right] \right. \tag{4.38}$$

$$\left. + i\,\text{Sin}\left[\ln \frac{1}{2\left(\left|\Psi_o\left(r,t\right)\right|\right)^4} \right] \right.$$

$$\left. - i\,\text{Cos}\left[\ln \frac{1}{2\left(\left|\Psi_o\left(r,t\right)\right|\right)^4} \right] + \text{Sin}\left[\ln \frac{1}{2\left(\left|\Psi_o\left(r,t\right)\right|\right)^4} \right] \right)$$

Simplificando los términos, obtenemos

$$\frac{1}{\left(1+i\right)}\left(\frac{1}{2\left(\left|\Psi_o\left(r,t\right)\right|\right)^4} \right)\left(\frac{1}{2\left(\left|\Psi_o\left(r,t\right)\right|\right)^4} \right)^i = \tag{4.39}$$

$$= \left(\frac{1}{2\left(\left|\Psi_o\left(r,t\right)\right|\right)^4} \right)\left(1-i\right)\left(\text{Cos}\left[\ln \frac{1}{2\left(\left|\Psi_o\left(r,t\right)\right|\right)^4} \right] + i\,\text{Sin}\left[\ln \frac{1}{2\left(\left|\Psi_o\left(r,t\right)\right|\right)^4} \right] \right)$$

$$\frac{1}{(1+i)}\int\left(\frac{1}{2\left(|\Psi_o(r,t)|\right)^4}\right)^{i+1} d\left(2^{-1}\left(|\Psi_o(r,t)|\right)^{-4}\right) \quad (4.40)$$

$$= \frac{1}{(1+i)}\left(\frac{1}{2\left(|\Psi_o(r,t)|\right)^4}\right)^{i+1} + C$$

$$= \int Cos\left[\ln\frac{1}{2\left(|\Psi_o(r,t)|\right)^4}\right]d\left[2^{-1}\left(|\Psi_o(r,t)|\right)^{-4}\right]$$

$$+i\int Sin\left[\ln\frac{1}{2\left(|\Psi_o(r,t)|\right)^4}\right]d\left[2^{-1}\left(|\Psi_o(r,t)|\right)^{-4}\right]$$

$$= Cos\left[\ln\frac{1}{2\left(|\Psi_o(r,t)|\right)^4}\right] + i\,Sin\left[\ln\frac{1}{2\left(|\Psi_o(r,t)|\right)^4}\right]$$

$$= \left(\frac{1}{2\left(|\Psi_o(r,t)|\right)^4}\right)^{i} = r^2 \cdot t^2$$

La prueba de la función está en su undulación!

Por consiguiente, la onda espaciotemporal del espacio-tiempo de seis dimensiones puede interpretarse como la infraestructura subyacente a todo lo que hay en nuestro universo, el espacio, el tiempo, la masa y todas las formas de energía. La función de onda es la probabilidad, la propiedad de ondas, la proporcionalidad, la curvatura, la gravitación, el espacio-tiempo complejo, en el concepto de Relatividad Especial y General, parte de las ECEs, parte de la ecuación del Schrödinger, omnipresente a cualquier escala física, parte del principio de exclusión de Pauli, y parte del exponente del núcleo de crecimiento de todas las cosas naturales. ¡La función de onda es la pieza central de la física moderna!

§ 5. *¿Cuál es el principio de la equivalencia entre la presión y la densidad de la energía? ¿Cómo está la función de onda relacionada con la presión de la divergencia espaciotemporal?*

El estado de un objeto cuántico se especifica completamente mediante una función de onda compleja $\Psi(x)$, que es una función de posición de un solo valor. Una función de onda de un solo valor es una función que, por cada valor de $"x"$ en su dominio, tiene un valor único en su rango. La densidad de la probabilidad de que el objeto se encuentre en la posición $"x"$ viene determinada por $\left|\Psi(x)\right|^2 = \left|-1/\ln\ e^{-x}\right|^2 = 1/x$. La longitud espacial $"x"$ es igual al recíproco de la función de onda cuadrada de un objeto,
$$x = 1/\left[\Psi(x)\right]^2.$$

La divergencia de la función de onda espaciotemporal es la medida o el grado en que el flujo de campo vectorial de la función de onda se comporta como una fuente en un punto dado.

El vector de la función de onda tridimensional es dado por

$$\vec{\Psi} = \Psi_x \vec{e}_x + \Psi_y \vec{e}_y + \Psi_z \vec{e}_z \tag{5.1}$$

y el vector de la función de onda de seis dimensiones se denota como

$$\vec{\Psi}_{st} = -\Psi_{t_x} \vec{e}_{t_x} - \Psi_{t_y} \vec{e}_{t_y} - \Psi_{t_z} \vec{e}_{t_z} + \Psi_x \vec{e}_x + \Psi_y \vec{e}_y + \Psi_z \vec{e}_z \tag{5.2}$$

En las coordenadas Cartesianas tridimensionales, la divergencia del campo vectorial de la función de onda que es continuamente diferenciable se define como una función con un valor escalar.

$$div\ \vec{\Psi} = \nabla \cdot \vec{\Psi} = \frac{\partial \Psi_x}{\partial x} + \frac{\partial \Psi_y}{\partial y} + \frac{\partial \Psi_z}{\partial z} \tag{5.3}$$

De investigaciones anteriores, una característica del campo vectorial de la función de onda espaciotemporal es que su divergencia-n fuera de su fuente física para un campo vectorial irrotacional en un

espacio-tiempo de seis dimensiones no es cero,

$div^n \ \vec{\Psi}_{st} = \vec{\Re} \cdot \vec{\Psi}_{st} \neq 0$. (Nieves, 2020)

$$div^n \ \vec{\Psi}_{st} = \vec{\Re} \cdot \vec{\Psi}_{st} = \frac{1}{c}\frac{\partial \Psi_{t_x}}{\partial t_x} + \frac{1}{c}\frac{\partial \Psi_{t_y}}{\partial t_y} + \frac{1}{c}\frac{\partial \Psi_{t_z}}{\partial t_z} \qquad (5.4)$$

$$+ \frac{\partial \Psi_x}{\partial x} + \frac{\partial \Psi_y}{\partial y} + \frac{\partial \Psi_z}{\partial z}$$

Por eso, cada punto espaciotemporal tiene un valor escalar por su divergencia espaciotemporal.

El siguiente principio de la equivalencia entre la presión y la densidad de energía es el marco teórico de las Ecuaciones de Campo de Einstein para la Teoría General de la Relatividad:

$$\text{La Presión} \equiv \text{La Densidad de la Energía} \qquad (5.5)$$

La siguiente ecuación para la densidad de presión-a-energía independiente del tiempo es para el atributo "de la Mecánica Cuántica – o de la Relatividad General" de la función de onda en un punto $P(x, y, z)$:

$$\nabla^2 \Psi = \frac{Gc^2 \rho}{c^4}\Psi = \frac{G\rho}{c^2}\Psi \qquad (5.6)$$

$$\frac{\partial^2 \Psi}{\partial x^2} + \frac{\partial^2 \Psi}{\partial y^2} + \frac{\partial^2 \Psi}{\partial z^2} = \frac{c^3 \rho}{h\omega^2}\Psi \qquad (5.7)$$

Donde Ψ es la función de onda definida sobre el espacio, ∇^2 es el operador Laplaciano para el espacio tridimensional, $c^2\rho$ es la densidad de energía de la masa, g es la aceleración gravitacional, G es la constante de Newton, c es la velocidad de la luz, ω es la frecuencia angular, y h es la constante Planck.

La ecuación de la densidad de presión-a-energía definida sobre el espacio y el tiempo, para cuatro dimensiones, es dada por

$$\Box \Psi(r,t) = \frac{G\rho}{c^2} \Psi(r,t)$$

(5.8)

o para seis dimensiones, sería

$$\vec{\Re}^2 \Psi_{st}(r,t) = \frac{G\rho}{c^2} \Psi_{st}(r,t)$$

(5.9)

Donde el símbolo $\Box$ es el operador d'Alembert de cuatro dimensiones, o el operador de onda, y $\vec{\Re}^2$, o $\Diamond^2$, es el operador Robertonian de seis dimensiones doble, o cuadrado, y ρ es la densidad de la masa.

¿Hay un formato de campo dinámico para representar las constantes en las ECEs?

Discutamos el formato actual de las ecuaciones de campo de Einstein para la Relatividad General en ausencia de la energía cosmológica.

$$R_{\mu\nu} - \frac{1}{(n-1)} g_{\mu\nu} R = \frac{8\pi G}{c^4} \left(T_{\mu\nu} \right)$$

(5.10)

Donde el símbolo $\Box$ es el operador d'Alembert de cuatro dimensiones, o el operador de onda, y , o , es el operador seis dimensiones doble, o cuadrado, Robertonian, y ρ es la densidad de masa. Las constantes "G" y "c" se utilizan en el formato actual para representar una fuerza estática en la constante de Einstein. A pesar de que estas constantes son relativistas, son invariables para posicionarse en el sistema de coordenadas del campo gravitacional de la masa. Por lo tanto, los valores a lo largo del tiempo de las cantidades en las constantes de la masa, el volumen, el espacio, y el tiempo, no se ajustan al punto específico en el espacio-tiempo-masa del sistema. Por muy útil que pueda parecer, por ejemplo, un sistema de satélite GPS necesitaría tener un sistema integrado, o integral, que mida esas cantidades y calcule su ubicación para ser altamente preciso.

La masa es una cantidad constantemente variable, el tirón del volumen es trascendental, la longitud es una distancia radial promedio, y el tiempo es actualmente una cantidad calculada entre dos relojes que es en el mejor de los casos una aproximación relativista de una distancia temporal y una curvatura radial. Todas estas cualidades del sistema físico y los cálculos se suman a la incertidumbre e inexactitud del sistema GPS.

Se propone que mediante el uso del potencial de campo del campo gravitacional de la masa, y el tirón del volumen, una parte integral del sistema GPS estaría midiendo el potencial de campo, y el tirón del volumen, en el punto de medición, y con un cálculo más rápido que sea altamente preciso y autosuficiente para cada satélite en el sistema. Todo el sistema GPS sería más confiable y preciso, ya que cada satélite sería más confiable, preciso, rentable y endurecido de forma independiente, para reducir la probabilidad de una falla en todo el sistema.

Propongamos el siguiente formato para las ECEs,

$$R_{\mu\nu} - \frac{1}{(n-1)} g_{\mu\nu} R = \frac{8\pi}{\nabla V(r,t)} \left(T_{\mu\nu} \right) \qquad (5.11)$$

$$G_{\mu\nu} = \frac{8\pi}{\nabla V(r,t)} T_{\mu\nu} \qquad (5.12)$$

$$\nabla V(r,t) G_{\mu\nu} = 8\pi T_{\mu\nu} \qquad (5.13)$$

$$\nabla V(r,t) G_{\mu\nu} = \nabla^3 a \left(T_{\mu\nu} \right) \qquad (5.14)$$

Donde $V(r,t)$ es el potencial de campo, $"a"$ es el volumen de la masa, y $\nabla^3 a$ es el tirón del volumen.

Por lo tanto, los ECEs son ecuaciones totalmente dinámicas en este formato. Vamos a nombrar la variable (Gimel) "$\gimel$" $\equiv \nabla^3 a / \nabla V(r,t)$, la variable Grossmann, en honor a Marcel Grossmann, un eminente matemático, un compañero de clase, y un colaborador crucial de Einstein en la Teoría General de la Relatividad.

PARTE III

LA MECANICA CUANTICA

Capítulo 4

El Tiempo y el Espacio no son Lineales

§ 1. ¿Cómo mide la mente humana el tiempo? ¿Está usando la mente humana más de un reloj?

Imaginemos un universo alternativo de solipsismo donde nuestro concepto del tiempo es un punto de coordinación temporal específico en el que nuestra conciencia viaja a través de la inmensidad del espacio-tiempo dentro del universo de bloque dinámico donde todas las demás entidades están llevando a cabo sus acciones con nuestra conciencia siendo la única que realmente está allí porque todas las demás conciencias se encuentran en un punto de coordinación temporal diferente para que cada conciencia sea en realidad el único protagonista de la etapa de su realidad en un instante dado en el tiempo. Todas las demás conciencias ya han actuado su parte de su historia, mientras que desde el punto de vista de cada conciencia todo está sucediendo ahora en tiempo real, mientras que todas las demás conciencias desde su perspectiva ya han estado allí y han hecho su parte en su instante único del tiempo. ¿Será este tipo de realidad similar a la experiencia que una conciencia individual puede experimentar en una realidad holográfica simulada si fuera posible? ¿La medición del tiempo sería la misma en un universo así desde la perspectiva de una mente individual? ¿Se proporcionaría externamente la medición del tiempo para una mente individual?

§ 2. El Cono de Luz.

Un cono de luz en la Teoría Especial y la General de la Relatividad es el camino que un haz de luz de un evento en un punto espaciotemporal, $P(x, y, z)$, seguiría a la velocidad de la luz viajando en todas las direcciones espaciotemporales posibles. Es posible visualizar el cono de luz como un fotón que se expande hacia el futuro o el pasado a la velocidad de la luz.

En el espacio-tiempo de Minkowski o en un universo hiperbólico con curvatura espaciotemporal, el cono de luz pasado es el límite del pasado causal y el futuro cono de luz es el límite del futuro causal. Sin embargo, en una región del espacio-tiempo donde hay lentes gravitacionales, el cono de luz puede plegarse sobre sí mismo, hasta tal punto que parte del cono puede estar dentro de su pasado o su futuro causales, y ya no en el límite. Por lo tanto, la curvatura espaciotemporal natural puede plegar conos de luz y causar bucles espaciotemporales a su futuro o pasado. (Rucker, 1977)

En el espacio-tiempo curvo, los conos de luz no pueden ser todos paralelos entre sí como en el espacio-tiempo plano, por lo que no todos pueden inclinarse por igual. El tensor Weyl, que no desaparece, exhibe la característica de no permitir que todos los conos de luz sean paralelos en el espacio libre (sin materia). Desde entonces, la curvatura espaciotemporal puede distorsionar la forma de un cono de luz, de modo que su contorno ya no esté a 45 grados, como en el caso de un cono de luz elíptica curva, consideremos un cono circular en una región espaciotemporal casi plana.

Además, visualicemos un cono de luz de seis dimensiones donde todas las dimensiones espaciales se expanden o contraen, a medida que cada dimensión temporal se expande creando más espacio. Por lo tanto, las líneas límite de 45 grados se desplazan a través de distancias espaciales a medida que el cono de luz se ensancha gradualmente en todas sus dimensiones, y el punto del observador se extiende o contrae, como una esfera espaciotemporal de un cono de luz expandido o contraído. El futuro cono de luz sería gradualmente más grande que su cono pasado en un universo en expansión.

Para un cono circular en el espacio-tiempo casi plano de seis dimensiones, tenemos

$$ds^2 = dx_\mu^2 + dx_\nu^2 + dx_\sigma^2 - c^2 dt_\mu^2 - c^2 dt_\nu^2 - c^2 dt_\sigma^2 \qquad (2.1)$$

Para la geodésica nula con $ds^2 = 0$, $dx_\sigma^2 = 0$, y con el tiempo plegado, esta ecuación se reduce a la ecuación familiar de un círculo.

$$0 = ds^2 = dx_\mu^2 + dx_\nu^2 - c^2 dt_\phi^2 \qquad (2.2)$$

$$c^2 dt_\phi^2 = dx_\mu^2 + dx_\nu^2 \qquad (2.3)$$

Consideremos un espacio-tiempo curvo para un cono de luz relativista, por lo que a través del transporte paralelo la curvatura del cono de luz espaciotemporal puede describirse a través de los símbolos Christoffel y las tensoras de curvatura Riemann para el espacio y el tiempo. La suposición espaciotemporal es que para cada dimensión espacial hay una dimensión temporal conjugada que también puede curvarse en el espacio-tiempo de seis dimensiones.

Los símbolos de Christoffel también se conocen como los coeficientes de conexión afines o los coeficientes de conexión Levi-Civita; son simétricos en los dos índices más bajos.

El símbolo espacial Christoffel

$$\Gamma^\lambda_{\ \mu\nu} = \frac{g^{\lambda\sigma}}{2}\left(\frac{dg_{\sigma\mu}}{dx^\nu} + \frac{dg_{\sigma\nu}}{dx^\mu} - \frac{dg_{\mu\nu}}{dx^\sigma}\right) \qquad (2.4)$$

El símbolo temporal de Christoffel

$$\Pi^\lambda_{\ \mu\nu} = -\frac{g^{\lambda\sigma}}{2}\left(\frac{dg_{\sigma\mu}}{dt^\nu} + \frac{dg_{\sigma\nu}}{dt^\mu} - \frac{dg_{\mu\nu}}{dt^\sigma}\right) \qquad (2.5)$$

$$= \frac{h^{\lambda\sigma}}{2}\left(\frac{dh_{\sigma\mu}}{dt^\nu} + \frac{dh_{\sigma\nu}}{dt^\mu} - \frac{dh_{\mu\nu}}{dt^\sigma}\right)$$

El tensor de curvatura espacial Riemann

$$R^\lambda_{\ \sigma\mu\nu} = \frac{d\Gamma^\lambda_{\ \sigma\nu}}{dx^\mu} + \Gamma^\alpha_{\ \sigma\nu}\Gamma^\lambda_{\ \alpha\mu} - \frac{d\Gamma^\lambda_{\ \sigma\mu}}{dx^\nu} - \Gamma^\alpha_{\ \sigma\mu}\Gamma^\lambda_{\ \alpha\nu} \qquad (2.6)$$

El tensor de curvatura temporal Riemann

$$H^\lambda_{\ \sigma\mu\nu} = -\frac{d\Pi^\lambda_{\ \sigma\nu}}{dx^\mu} - \Pi^\alpha_{\ \sigma\nu}\Pi^\lambda_{\ \alpha\mu} + \frac{d\Pi^\lambda_{\ \sigma\mu}}{dx^\nu} + \Pi^\alpha_{\ \sigma\mu}\Pi^\lambda_{\ \alpha\nu} \qquad (2.7)$$

Por lo tanto, la ecuación de curvatura espaciotemporal para el cono de luz de seis dimensiones puede expresarse como

$$\Psi^{\lambda}{}_{\sigma\mu\nu} = R^{\lambda}{}_{\sigma\mu\nu} + H^{\lambda}{}_{\sigma\mu\nu} \tag{2.8}$$

$$\Psi^{\lambda}{}_{\sigma\mu\nu} = \frac{d\Gamma^{\lambda}{}_{\sigma\nu}}{dx^{\mu}} + \Gamma^{\alpha}{}_{\sigma\nu}\Gamma^{\lambda}{}_{\alpha\mu} - \frac{d\Gamma^{\lambda}{}_{\sigma\mu}}{dx^{\nu}} - \Gamma^{\alpha}{}_{\sigma\mu}\Gamma^{\lambda}{}_{\alpha\nu} \tag{2.9}$$

$$- \frac{d\Pi^{\lambda}{}_{\sigma\nu}}{dx^{\mu}} - \Pi^{\alpha}{}_{\sigma\nu}\Pi^{\lambda}{}_{\alpha\mu} + \frac{d\Pi^{\lambda}{}_{\sigma\mu}}{dx^{\nu}} + \Pi^{\alpha}{}_{\sigma\mu}\Pi^{\lambda}{}_{\alpha\nu}$$

$$\Psi^{\lambda}{}_{\sigma\mu\nu} = \frac{d\Gamma^{\lambda}{}_{\sigma\nu}}{dx^{\mu}} + \Gamma^{\alpha}{}_{\sigma\nu}\Gamma^{\lambda}{}_{\alpha\mu} + \frac{d\Pi^{\lambda}{}_{\sigma\mu}}{dx^{\nu}} + \Pi^{\alpha}{}_{\sigma\mu}\Pi^{\lambda}{}_{\alpha\nu} \tag{2.10}$$

$$- \frac{d\Gamma^{\lambda}{}_{\sigma\mu}}{dx^{\nu}} - \Gamma^{\alpha}{}_{\sigma\mu}\Gamma^{\lambda}{}_{\alpha\nu} - \frac{d\Pi^{\lambda}{}_{\sigma\nu}}{dx^{\mu}} - \Pi^{\alpha}{}_{\sigma\nu}\Pi^{\lambda}{}_{\alpha\mu}$$

Es posible pensar en otros conos de luz como los conos de luz de otras líneas mundiales que pueden ser coincidentes, no coincidentes, paralelos, inclinados, curvos o una combinación de estos estados. El espacio más allá de las líneas de 45 grados de un cono de luz vertical puede estar ocupado por otros conos de luz que son perpendiculares cuyo pasado o futuro causal puede no estar relacionado con el cono de luz vertical. Esos conos de luz perpendiculares también pueden tener los estados antes mencionados que pueden cambiar la causalidad entre los conos de luz.

La forma cónica de un cono de luz ejemplifica la expansión o contracción espaciotemporal. El cono de luz futuro es todas las posibles ondas hacia adelante, y el cono de luz pasado es todas las posibles ondas hacia atrás. La línea mundial del observador es la onda del observador. En el punto central, o en cualquier otro punto, del cono de luz, hay dos ondas seis dimensionales presentes simultáneamente, la onda hacia adelante y la función de onda hacia atrás, dependiendo de la fase de la onda del observador o del objeto, el observador u objeto selecciona qué onda llevaría al observador hacia adelante o hacia atrás.

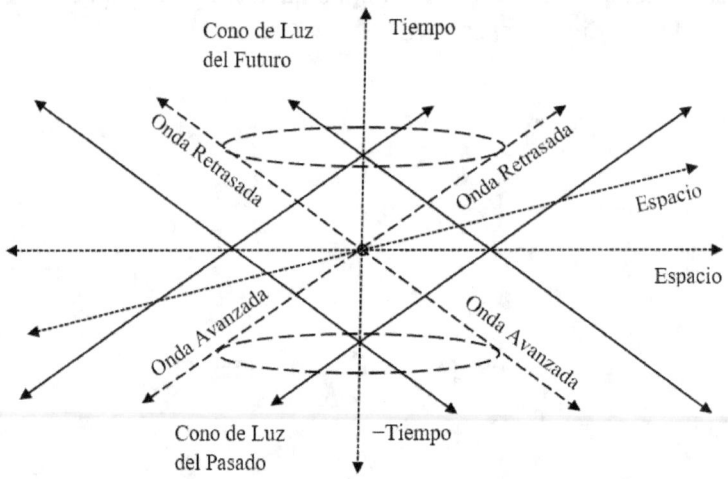

Figura 1. El cono de luz espaciotemporal.

Cuando un objeto viaja en la onda temporal, su reloj no hace su tic tac, pero el espacio parece estar fluyendo a través del objeto en una rapidez *"c"*, lo que haría que el cuerpo del objeto cambiara de forma o volumen dependiendo de qué esté haciendo el espacio, es decir, expandiéndose, estático o contrayéndose. Por otro lado, cuando el objeto viaja en la onda espacial, el tiempo fluye a través del objeto en una rapidez "c", lo que haría que el tic tac en el reloj del objeto fuera más rápido, más lento, o no en absoluto, dependiendo de lo que el tiempo esté haciendo, es decir, contrayéndose, dilatándose o estático.

El punto central de un cono de luz es la ubicación de un observador. El observador puede viajar en cualquiera de las seis direcciones del espacio-tiempo. Cada dimensión espacial tiene dos direcciones opuestas y cada dimensión tiene una dimensión temporal conjugada y ortogonal en el espacio-tiempo de seis dimensiones. De esta manera, cada dirección espacial tiene una dirección temporal conjugada. Cuando un observador hace un giro a la derecha, el futuro cono de luz se inclina 90 grados, se tiende de lado, hacia un futuro causal en otra parte del espacio, perpendicular a la trayectoria original de la línea mundial del observador.

Los conos de luz de mundos paralelos en la interpretación de muchos mundos pueden estar ubicados en un espacio-tiempo diferente que tiene su propia frecuencia, longitud de onda, fase, y estados de orientación y ubicación espaciotemporal en el bulto. Los mundos paralelos que son similares son más coincidentes en su naturaleza. Puede haber puentes espaciotemporales a través de mundos paralelos o dentro del mismo mundo que predijo la Teoría General de la Relatividad.

§ 3. Las ondas espaciotemporales naturales.

Es interesante observar que cuando los números naturales se trazan en una superficie de cuatro dimensiones, con coordenadas (x, y, t_X, t_Y) y coordenadas polares *(r, θ)*, representan una espiral de Arquímedes en sentido antihorario cuando las distancias radiales y radianes igualmente espaciadas se grafican o proyectan en una cuadrícula de coordenadas espaciotemporales homogéneas e isotrópicas. Los números naturales ilustran la expansión del espacio-tiempo a medida que las ondas espacio-temporales naturales se expanden radialmente a distancias radiales y temporales que sean iguales. Los números primos también representan dos espirales espaciotemporales en el sentido horario, una espiral espaciotemporal que se expande hacia arriba y otra espiral espaciotemporal que se expande hacia abajo. Una onda espaciotemporal prima es una onda natural mayor que una onda espaciotemporal unitaria que no se puede formar multiplicando dos ondas espaciotemporales naturales más pequeñas. Una onda espaciotemporal natural mayor que una onda espaciotemporal unitaria, que no es una onda espaciotemporal prima, es una onda espaciotemporal compuesta.

A una corta distancia por encima de la cuadrícula, hay dos haces de diez espirales espaciotemporales primos. A medida que aumenta la distancia, setenta haces de cuatro espirales espaciotemporales primos, para un total de doscientas ochenta espirales espaciotemporales primos, son radialmente discernibles. Es interesante observar que doscientos ochenta dividido por veinte es muy cerca de *2π*. Esta representación gráfica ilustra que el número trascendental *π* está fundamentalmente relacionado con la expansión espaciotemporal.

Una espiral espaciotemporal natural, que tiene todos los múltiplos de seis (*6x*), representa las seis dimensiones y direcciones espaciotemporales, mientras que cualquier otra espiral espaciotemporal natural es una onda espaciotemporal unitaria por

71

encima de la anterior. En ese sentido, la 6ª espiral espaciotemporal natural es fundamental y trascendental en la naturaleza. Cada rotación completa en sentido antihorario de la fundamental cae sobre la misma onda espaciotemporal fundamental que continúa expandiéndose como ($6x + n$) donde "n" es un número natural o cero. Por lo tanto, todas las ondas espaciotemporales principales son una onda espaciotemporal múltiple, o cinco ondas espaciotemporales unitarias, por encima de la fundamental.

Aparte, El Teorema de Dirichlet predice que una cuarta parte de cada una de las proporciones de números primos terminaría en 1, 3, 7 o 9.

§ 4. ¿Se obtiene la ecuación geodésica del movimiento de las ecuaciones de campo de Einstein para el espacio vacío?

Las ECEs originales estaban incompletas desde el principio como una teoría de campo porque se basaban en el postulado independiente de que la ecuación geodésica del movimiento era la ley de movimiento de una partícula, y no las propios ECEs. (Einstein, 1935) Sin embargo, el eminente físico Albert Einstein creía que la ecuación geodésica del movimiento podría derivarse de sus ecuaciones de campo para el espacio vacío ya que el tensor de curvatura Ricci desaparece en el espacio vacío. (Einstein, 2003) Una teoría completa de campo abarca campos, partículas y movimiento, como partes de la teoría.

El espacio o el tiempo aparentes son relativistas y no lineales. Los objetos de masa o energía no viajan indubitablemente en una trayectoria lineal a través del espacio. Los objetos de masa o energía están inclinados a viajar en una trayectoria curva, como una onda o ciclo, como una trayectoria helicoidal, o al azar, y según lo determinado por las leyes de movimiento de nuestro universo descritas por la ecuación geodésica del movimiento. La observación de un objeto en movimiento de masa o energía puede calificarse como una medida espaciotemporal. Puede haber un cambio de fase y/o impulso entre el observador y lo que se observa. En consecuencia, el punto de vista de un observador sobre un objeto determina la distancia espacial aparente entre el observador y el objeto en movimiento que se observa. El tiempo aparente puede describirse claramente como la medición aleatoria de un observador del movimiento de objetos de masa o energía a través del espacio aparente.

El espacio-tiempo tiene un ciclo uniforme para cualquier función de onda. El ciclo uniforme de una función de onda es siempre 2π mientras que el espacio y el tiempo aparentes de una función de onda son relativistas. El ciclo de la función de onda es el tiempo absoluto en radianes, o las unidades temporales absolutas, y puede considerarse el reloj de Newton para el tiempo absoluto. Este reloj universal abarca todos los relojes relativistas dentro de su reino temporal. El reloj universal es la función de onda fundamental igual a la suma de todas las armónicas de las funciones de onda relativista. Todas las frecuencias relativistas potenciales emergen de la fundamental. La suma integral de las frecuencias relativistas discretas que manifiesta cada dimensión en el dominio de la frecuencia de la realidad se materializa a cualquier escala observable en la existencia del espacio-tiempo.

Imaginemos la esfera del reloj en una de las torres de relojes más famosas del mundo en un experimento de pensamiento, la torre del reloj en el Palacio de Westminster en Londres, en el Reino Unido, que alberga la famosa gran campana del llamativo reloj en el extremo norte conocido como Big Ben. La gran campana es tan famosa que el nombre se extiende con frecuencia para referirse tanto al reloj como a la torre del reloj. La hermosa esfera del reloj fue diseñada por Augustus Pugin y completada en 1859. Cada esfera del reloj tiene 7 metros (23 pies) de diámetro. Un reloj mecánico móvil mide el tiempo aparente.

Supongamos que la esfera del reloj Big Ben representa un reloj estacionario imaginario en el espacio-tiempo que no está en un campo gravitacional, en un espacio-tiempo isotrópico y homogéneo, con un emisor de partículas en su centro para que pueda emitir una partícula que viaja de una manera helicoidal desde la esfera de una manera igual al movimiento cíclico de las manos del reloj, para que podamos observar la trayectoria de la onda de la partícula como si el diámetro de la onda tuviera el mismo diámetro que la esfera del reloj con una expansión insignificante de la trayectoria helicoidal. Por consiguiente, la amplitud de la onda representa una longitud aparente, la distancia de propagación lejos de la esfera representa el tiempo aparente, el movimiento cíclico en radianes de las manos del

Big Ben representa el tiempo absoluto, y la relación de la circunferencia al diámetro de la esfera es un espacio plano absoluto. Esta relación también se encuentra en la geometría de la onda espaciotemporal entre la circunferencia absoluta y las distancias espaciales y temporales relativistas del desplazamiento. El espacio y el tiempo absolutos son trascendentales.

Si la esfera se moviera en el fuerte campo gravitacional de un planeta, la amplitud de la onda de la partícula emitida aumentaría, la longitud de onda disminuiría, el tiempo se dilataría, y la frecuencia aumentaría, pero el movimiento cíclico en radianes de las manos del Big Ben, o movimiento helicoidal de la onda, seguiría siendo el mismo, es decir, 2π/longitud de onda, independientemente de la escala. Puesto que la esfera cambia como amplitud, entonces la esfera parecería extendida. La amplitud se extiende en la dimensión temporal que es ortogonal a la dimensión espacial en la dirección de propagación. Cada dimensión espacial tiene una dimensión temporal conjugada.

Si la esfera se moviera fuera del campo gravitacional de un planeta, la amplitud de la onda de la partícula emitida disminuiría, la longitud de onda aumentaría, el tiempo pasaría más rápido y la frecuencia disminuiría, pero el movimiento cíclico en radianes de las manos del Big Ben, o el movimiento helicoidal de la onda, seguiría siendo el mismo. Puesto que la esfera cambia como la amplitud, entonces la esfera parecería contraída. Por eso, el tiempo absoluto puede ser visto como una oscilación o una frecuencia fundamental que es uniforme en todo nuestro universo independientemente de su escala.

Una geodésica da una forma general a la idea de una línea recta a la trayectoria de un objeto o una partícula a través del espacio-tiempo curvo según la Teoría General de la Relatividad. La trayectoria es espacial y temporal en su naturaleza, ya que el espacio y el tiempo son recíprocos. La línea mundial espaciotemporal de un objeto o una partícula, en ausencia de fuerzas no gravitacionales, es un tipo específico de geodésica; es una geodésica espaciotemporal. Cualquier objeto o partícula que caiga o se mueva libremente siempre seguiría el camino de una geodésica. (Einstein, 1952)

La distancia espacial aparente para un objeto o una partícula en movimiento puede expresarse como

$$r = \sqrt[2]{x^2 + y^2 + z^2} \qquad (4.1)$$

La distancia temporal aparente para un objeto o una partícula en movimiento puede expresarse como

$$\tau = \sqrt[2]{\left(\tau_x\right)^2 + \left(\tau_y\right)^2 + \left(\tau_z\right)^2} \qquad (4.2)$$

La ecuación geodésica espaciotemporal es el camino del observador a través de su línea mundial.

La ecuación geodésica espacial con el espacio aparente plegado es

$$\frac{d^2 x^\lambda}{dr^2} + \Gamma^\lambda_{\mu\nu} \frac{dx^\mu}{dr} \frac{dx^\nu}{dr} = 0 \qquad (4.3)$$

La ecuación geodésica espacial con el espacio aparente desplegado es

$$\frac{d^2 x^\lambda}{dx^2} + \frac{d^2 x^\lambda}{dy^2} + \frac{d^2 x^\lambda}{dz^2} \qquad (4.4)$$

$$+ \left(\Gamma^\lambda_{\mu\nu}\right) \left(\frac{dx^\mu}{dx} + \frac{dx^\mu}{dy} + \frac{dx^\mu}{dz} \right) \left(\frac{dx^\nu}{dx} + \frac{dx^\nu}{dy} + \frac{dx^\nu}{dz} \right) = 0$$

La ecuación geodésica temporal con el tiempo aparente plegado es

$$-\frac{d^2 x^\lambda}{d\tau^2} - \Gamma^\lambda_{\mu\nu} \frac{dx^\mu}{d\tau} \frac{dx^\nu}{d\tau} = 0 \qquad (4.5)$$

La ecuación geodésica temporal con el tiempo aparente desplegado es

$$-\frac{d^2 x^\lambda}{d\tau_x^2} - \frac{d^2 x^\lambda}{d\tau_y^2} - \frac{d^2 x^\lambda}{d\tau_z^2} \qquad (4.6)$$

$$-\Gamma^{\lambda}{}_{\mu\nu}\left(\frac{dx^{\mu}}{d\tau_{x}}+\frac{dx^{\mu}}{d\tau_{y}}+\frac{dx^{\mu}}{d\tau_{z}}\right)\left(\frac{dx^{\nu}}{d\tau_{x}}+\frac{dx^{\nu}}{d\tau_{y}}+\frac{dx^{\nu}}{d\tau_{z}}\right)=0$$

Por eso, la ecuación geodésica espaciotemporal de movimiento con el espacio aparente plegado y el tiempo aparente plegado puede expresarse como

$$\frac{d^{2}x^{\lambda}}{dr^{2}}-\frac{1}{c^{2}}\frac{d^{2}x^{\lambda}}{d\tau^{2}}+\Gamma^{\lambda}{}_{\mu\nu}\left(\frac{dx^{\mu}}{dr}\frac{dx^{\nu}}{dr}-\frac{1}{c^{2}}\frac{dx^{\mu}}{d\tau}\frac{dx^{\nu}}{d\tau}\right)=0 \qquad (4.7)$$

Reorganizando la ecuación geodésica espaciotemporal en términos espaciales o temporales, tenemos

$$\left(\frac{d^{2}x^{\lambda}}{dr^{2}}+\Gamma^{\lambda}{}_{\mu\nu}\frac{dx^{\mu}}{dr}\frac{dx^{\nu}}{dr}\right) \qquad (4.8)$$

$$+\left(-\frac{1}{c^{2}}\frac{d^{2}x^{\lambda}}{d\tau^{2}}-\Gamma^{\lambda}{}_{\mu\nu}\frac{1}{c^{2}}\frac{dx^{\mu}}{d\tau}\frac{dx^{\nu}}{d\tau}\right)=0$$

Por consiguiente, describamos el símbolo Christoffel para el tensor métrico en el espacio-tiempo de Minkowski donde la curvatura espacial y la curvatura temporal son iguales a cero, o en el caso concreto de que la curvatura espaciotemporal es casi cero, en el espacio vacío.

Para un espacio plano,

$$R_{\mu\nu}-\frac{1}{(n-1)}g_{\mu\nu}R\equiv0 \qquad (4.9)$$

Para un tiempo plano,

$$-H_{\mu\nu}-\frac{1}{(n-1)}h_{\mu\nu}H\equiv0 \qquad (4.10)$$

El símbolo espacial Christoffel es

$$\Gamma^{\lambda}{}_{\mu\nu} = \frac{g^{\lambda\sigma}}{2}\left(\frac{dg_{\sigma\mu}}{dx^{\nu}} + \frac{dg_{\sigma\nu}}{dx^{\mu}} - \frac{dg_{\mu\nu}}{dx^{\sigma}}\right) \qquad (4.11)$$

$$\Gamma^{\lambda}{}_{\mu\nu} = \frac{g^{\lambda\sigma}}{2}\left(\frac{dg_{\sigma\mu}}{dx^{\nu}} + \frac{dg_{\sigma\nu}}{dx^{\mu}} - \frac{dg_{\mu\nu}}{dx^{\sigma}}\right) \qquad (4.12)$$

$$= \frac{1}{(n-1)} g^{\lambda}{}_{\mu\nu} g^{\sigma\mu\nu}\left(\frac{dg_{\sigma\mu}}{dx^{\nu}} + \frac{dg_{\sigma\nu}}{dx^{\mu}} - \frac{dg_{\mu\nu}}{dx^{\sigma}}\right)$$

$$\Gamma^{\lambda}{}_{\mu\nu} = \frac{1}{(n-1)}\left(g^{\lambda}{}_{\mu\nu} \cdot \vec{e}_{\lambda}\right)\left(\frac{dg^{\nu}}{dx^{\nu}} + \frac{dg^{\mu}}{dx^{\mu}} - \frac{dg^{\sigma}}{dx^{\sigma}}\right) \qquad (4.13)$$

$$= \frac{1}{(n-1)}\left(g_{\mu\nu} \cdot \vec{e}\right)(\vec{e}) = \frac{1}{(n-1)}\left(g_{\mu\nu}\right)(\vec{e} \cdot \vec{e})$$

Donde $\vec{e}_{\lambda}$ es el vector del transporte paralelo.

$$\Gamma^{\lambda}{}_{\mu\nu} = \frac{1}{(n-1)}\left(g_{\mu\nu}\right)(1) = \frac{1}{(n-1)}\left(g_{\mu\nu}\right) \qquad (4.14)$$

El símbolo temporal de Christoffel es

$$\Pi^{\lambda}{}_{\mu\nu} = -\Gamma^{\lambda}{}_{\mu\nu} = \frac{h^{\lambda\sigma}}{2}\left(\frac{dh_{\sigma\mu}}{dx^{\nu}} + \frac{dh_{\sigma\nu}}{dx^{\mu}} - \frac{dh_{\mu\nu}}{dx^{\sigma}}\right) \qquad (4.15)$$

$$= \frac{1}{(n-1)} h^{\lambda}{}_{\mu\nu} h^{\sigma\mu\nu}\left(\frac{dh_{\sigma\mu}}{dx^{\nu}} + \frac{dh_{\sigma\nu}}{dx^{\mu}} - \frac{dh_{\mu\nu}}{dx^{\sigma}}\right)$$

$$\Pi^{\lambda}{}_{\mu\nu} = -\Gamma^{\lambda}{}_{\mu\nu} = \frac{h^{\lambda\sigma}}{2}\left(\frac{dh_{\sigma\mu}}{dx^{\nu}} + \frac{dh_{\sigma\nu}}{dx^{\mu}} - \frac{dh_{\mu\nu}}{dx^{\sigma}}\right) \qquad (4.16)$$

$$= \frac{1}{(n-1)} h^{\lambda}{}_{\mu\nu} h^{\sigma\mu\nu} \left(\frac{1}{c^2}\right) \left(\frac{dh_{\sigma\mu}}{d\tau^{\nu}} + \frac{dh_{\sigma\nu}}{d\tau^{\mu}} - \frac{dh_{\mu\nu}}{d\tau^{\sigma}}\right)$$

Después de una derivación similar para el símbolo temporal de Christoffel, obtenemos

$$\Pi^{\lambda}{}_{\mu\nu} = -\Gamma^{\lambda}{}_{\mu\nu} = \frac{1}{(n-1)}\left(h_{\mu\nu}\right)\left(\frac{1}{c^2}\right)(1) = \frac{1}{(n-1)}\left(h_{\mu\nu}\right)\left(\frac{1}{c^2}\right) \quad (4.17)$$

El tensor métrico espacial "$g_{\mu\nu}$" se ajustó para ser de cuatro dimensiones a pesar de que la curvatura Ricci fue formulada para el espacio tridimensional. El tensor métrico temporal "$h_{\mu\nu}$" se ajustó para ser tridimensional como un factor de ajuste de buena fe desde que se consideró la dimensión temporal, para ser una sola dimensión en el espacio-tiempo de Minkowski o sólo una magnitud, como lo es en el momento de esta escritura.

Es digno señalar que fue un esfuerzo prodigioso de Albert Einstein, incluso con la ayuda y la enseñanza de su compañero de clase, el eminente matemático Marcel Grossmann, sobre la geometría diferencial, llegar a ser el primero en formular los ECEs originales cuando la comprensión del espacio-tiempo y otros conceptos modernos de la ciencia estaban en sus primeras etapas. Además, Einstein estaba bajo mucha presión para formular sus ECEs antes que David Hilbert, quien le estaba pisando los talones. Hilbert fue uno de los matemáticos más influyentes, brillantes y universales del siglo XIX y en el principio del XX. De hecho, Hilbert llegó a los ECEs a través de una derivación axiomática de las ecuaciones de campo, la acción Einstein-Hilbert.

En las ECEs originales, $n = 3$ para curvatura espacial y $n = 4$ para curvatura temporal. El espacio se consideraba estático, y no se expandía, y el tiempo era la magnitud de la cuarta dimensión. Por lo tanto, se agregaron tres componentes iguales como componentes de tiempo-tiempo al espacio-tiempo de Minkowski.

$$\left(\frac{d^2 x^{\lambda}}{dr^2} + \frac{1}{(n-1)}\left(g_{\mu\nu}\right)\left[\frac{dx^{\mu}}{dr}\frac{dx^{\nu}}{dr}\right]\right) \quad (4.18)$$

$$+3\left(-\frac{1}{c^2}\frac{d^2x^\lambda}{d\tau^2}-\frac{1}{(n-1)}\left(h_{\mu\nu}\right)\frac{1}{c^2}\left[\frac{dx^\mu}{d\tau}\frac{dx^\nu}{d\tau}\right]\right)=0$$

$$\left(\frac{d^2x^\lambda}{dr^2}+\frac{1}{2}g_{\mu\nu}\frac{dx^\mu}{dr}\frac{dx^\nu}{dr}\right)\tag{4.19}$$

$$+3\left(-\frac{1}{c^2}\frac{d^2x^\lambda}{d\tau^2}-\frac{1}{3}h_{\mu\nu}\frac{1}{c^2}\frac{dx^\mu}{d\tau}\frac{dx^\nu}{d\tau}\right)=0$$

Cambiando la coordenada espaciotemporal y la notación tensora a símbolos algebraicos, donde "Σ" es un espacio de coordenadas, "σ" es el espacio aparente, "τ" es el tiempo aparente, "g" es el trazado del tensor métrico espacial, "h" es el rastro del tensor métrico temporal, "a" es un volumen de espacio, "c" es la velocidad de la luz, y "k" es una constante de curvatura espacial o temporal, que en el caso del espacio vacío pueden ser las mismas.

$$\left(\frac{d^2\Sigma}{d\sigma^2}+\frac{1}{2}\left(g\right)\left(\frac{d\Sigma}{d\sigma}\right)^2+k_s\right)\tag{4.20}$$

$$-3\left(\frac{1}{c^2}\frac{d^2\Sigma}{d\tau^2}+\frac{1}{3}\left(h\right)\left(\frac{1}{c}\frac{d\Sigma}{d\tau}\right)^2+ck_\tau\right)=0$$

$$\left(\frac{d^2\Sigma}{d\sigma^2}+\frac{1}{2}\left(4\right)\left(\frac{d\Sigma}{d\sigma}\right)^2+k\right)\tag{4.21}$$

$$-3\left(\frac{1}{c^2}\frac{d^2\Sigma}{d\tau^2}+\frac{1}{3}\left(3\right)\left(\frac{1}{c}\frac{d\Sigma}{d\tau}\right)^2+k\right)=0$$

$$\frac{\dot{a}^2}{c^2}+\frac{2\ddot{a}a}{c^2}+k-\frac{3\dot{a}^2}{c^2}-\frac{3\ddot{a}a}{c^2}-3k=0\tag{4.22}$$

$$\frac{\dot{a}^2}{a^2c^2}+\frac{2\ddot{a}}{ac^2}+\frac{k}{a^2}-\frac{3\dot{a}^2}{a^2c^2}-\frac{3\ddot{a}}{ac^2}-\frac{3k}{a^2}=0 \qquad (4.23)$$

$$\frac{\ddot{a}}{ac^2}+\frac{2\dot{a}^2}{a^2c^2}+\frac{2k}{a^2}=0 \qquad (4.24)$$

$$\frac{\ddot{a}}{ac^2}+\frac{2\dot{a}^2}{a^2c^2}+\frac{2k}{a^2}=R-\frac{1}{2}(g)R \qquad (4.25)$$

$$=R-\frac{1}{2}(4)R=R-2R=-R=0$$

$$R_{\mu\nu}-\frac{1}{(n-1)}g_{\mu\nu}R=0 \qquad (4.26)$$

Quod Erat Faciendum.

La intuición de Albert Einstein sobre la ecuación geodésica de movimiento fue cabal. Es interesante observar que a la geodésica de movimiento independiente se le ha dado una forma general a un ejemplo concreto de gravitación por masas grandes aleatorias que se pueden derivar de las ECEs para el espacio vacío. Sin embargo, el campo no debe ser singular en ningún lugar fuera de sus puntos gravitacionales de masa.

La derivación anterior de las ECEs para el espacio vacío de la ecuación geodésica de movimiento demuestra que la tridimensionalidad del tiempo, o las seis dimensiones del espacio-tiempo, son inherentes a la Teoría General de la Relatividad, como una teoría completa de campo que abarca los campos, las partículas y el movimiento, sin añadir restricciones ni postulados externos.

Capítulo 5

La Búsqueda de la Relatividad Mecánica Cuántica

§ 1. ¿Cuáles son las interpretaciones actuales de la Mecánica
Cuántica? ¿Cuáles son las interpretaciones de la Mecánica
Cuántica sobre "Una Teoría Dinámica del Espacio-Tiempo:
Un Asunto de Ondas"?

Cada una de las diversas interpretaciones de la Mecánica Cuántica
como, pero no limitado a, la Copenhague, el Colapso Objetivo, la
Retro-Causalidad, el Super-Determinismo, el Bayesianismo Cuántico
(QBismo), los Muchos Mundos, la Mecánica Bohmiana (la Onda
Piloto), el Rol de la Conciencia, la Relacional, y la Lógica Cuántica,
tiene mérito en el alcance de la realidad de cada onda de nuestro
universo.

La naturaleza existe con el propósito divino de su creador, no en
beneficio del ego de un observador. La naturaleza es intrínsecamente
probabilística y eficiente. Bajo la interpretación de Una Teoría
Dinámica del Espacio-Tiempo: Un Asunto de Ondas, una teoría
cuántica de la gravedad, la naturaleza puede exhibir las siguientes
características:

- La función de onda no siempre es plegable, o auto-plegable, a
  una escala cuántica dependiendo del valor de probabilidad. Las
  partículas entrelazadas pueden colapsar juntas debido a una
  mayor probabilidad.

- La curvatura provoca el colapso de la función de onda debido a
  la mayor superposición de los estados de la curvatura
  espaciotemporal de las ondas.

- El colapso total de la función de onda en todas partes al mismo
  tiempo necesita una transferencia de información más rápida que
  la luz a lo largo de los caminos de las partículas. Las partículas
  pueden establecer sus condiciones iniciales en consecuencia. Es
  posible que las partículas envíen información al revés en el
  tiempo, lo que equivaldría a una transferencia de información
  más rápida que la luz por taquiones.

- El colapso de la función de onda sería observable a escalas clásicas para múltiples partículas, lo que es potencialmente comprobable dependiendo del estado del arte de la tecnología de prueba. Cuando se creó la naturaleza, no se basó en suposiciones en beneficio de una teoría.

- La función de onda es bidireccional en el tiempo, la onda retrasada es la función de onda tradicional "$\Psi(r)$" y la onda avanzada es la onda temporal "$\Psi(t)$", es por eso por lo que el tiempo viaja en $"c"$ a través de objetos estacionarios de masa.

- La transacción de las ondas hacia adelante y hacia atrás en un instante en el presente decide el camino a seleccionar, la decoherencia de la fase de la partícula determina la selección de su onda, una fuerza actúa en la fase de una partícula que se mueve más rápido que la luz (un taquión) o hacia atrás en el tiempo, o en la fase de una partícula que se mueve más lentamente que la luz (un tardión) o hacia adelante en el tiempo.

- La retrocausalidad refuerza el determinismo ya que todo lo que ya sucedió se reforzo cuando se determinó. El entrelazo es el circuito del super determinismo del Big Bang a la eternidad.

- La probabilidad no objetiva de la Mecánica Cuántica es una función de la amplitud de cualquier observador porque es relativista de acuerdo con la geometría relativista inherente de la función de onda. Una observación es una actualización sobre la probabilidad potencial de resultados futuros.

- La probabilidad clásica difiere de la probabilidad cuántica, ya que la onda, la fase y otras propiedades de los objetos pueden ser diferentes entre los mundos cuántico y clásico.

- Todos los resultados posibles de la función de onda de una partícula o un sistema de partículas pueden ocurrir en las funciones de onda universal de los muchos mundos que son coincidentes o relacionados. Puede ser posible que los universos colisionen y se unan en el bulto, dando a la amalgama de las funciones de onda un mayor crecimiento y longevidad.

- Una partícula pudiera ser compartida eficientemente entre los mundos paralelos lo que hace que el fondo espaciotemporal sea ajustable desde la perspectiva de la partícula. Muchos mundos pueden describirse como equivalentes a muchas extensiones de onda ajustables a través de la misma partícula. La división de muchos mundos puede ocurrir debido a la probabilidad múltiple de caminos divergentes entre las direcciones probables de las múltiples funciones de onda.

- En ausencia de cualquier otra fuerza, una partícula no puede moverse por sí sola, su fase puede cambiarse a través de interacciones, y la partícula puede ser transportada por una sola o una onda espaciotemporal resultante (la función de onda hacia adelante o hacia atrás) a una velocidad que depende de su masa en cualquier punto espaciotemporal en expansión o contracción.

- Las interacciones en cada punto pueden sentirse instantáneamente en cualquier lugar a través de la retrocausalidad y el entrelazo.

- El rol de la conciencia en la realidad de la naturaleza se manifiesta eficientemente, cuando una partícula u objeto que es compartido por mundos coincidentes es observada, o medida, por la manifestación específica de un observador, u otra partícula u objeto de medición, que colapsa la probabilidad en su propio mundo porque esa partícula, el objeto o el observador, comparte la misma función y fase de onda que la partícula u objeto que se observa o se mide.

- La lógica cuántica afirma que las partículas se comunican hacia adelante y hacia atrás en el tiempo de acuerdo con las probabilidades predecibles; la probabilidad cuántica surge de las propiedades de la función de onda.

El advenimiento de la Mecánica Cuántica pidió un cambio de paradigma en la lógica para las escalas clásicas o cuánticas. La lógica clásica evolucionó a partir de la escala clásica de nuestro universo.

§ 2. ¿Están relacionadas las propiedades del entrelazamiento, la dualidad de partícula-onda, y la Relatividad General dentro del marco de la mecánica cuántica?

Se define que un sistema entrelazado es un sistema cuyo estado clásico o cuántico no puede ser tomado en cuenta como un producto de los estados de sus constituyentes locales; el entrelazo también puede definirse por las correlaciones de coincidencia. Es interesante saber que los sistemas clásicos se pueden entrelazar. El entrelazo entre objetos muy diferentes es posible. Los investigadores han demostrado que nuestro mundo macroscópico está sujeto a las leyes de la física cuántica al entrelazar con éxito un tambor de tamaño milimétrico, una membrana de nitruro de silicio, con una gran nube de átomos de Cesio.

El principio de la Relatividad General y el entrelazo son aspectos funcionales o atributos del marco de la Mecánica Cuántica que se escalan hasta el nivel clásico de acuerdo con la teoría de ondas espaciotemporales, mientras que el principio de complementariedad para el aspecto cuántico de la dualidad de partícula-onda cambia al nivel clásico para construir los objetos clásicos o las partículas macroscópicas de la realidad física observable.

Si se miden las propiedades físicas de partículas entrelazadas como el espín, la polarización, la posición, y el impulso, estas propiedades cuánticas se pueden encontrar altamente correlacionadas en algunos casos. Consideremos un sistema que consiste en dos partículas cuánticas que están entrelazadas, con base de posición y utilizando las deltas de Dirac, para distancias espaciales de partículas 1 y 2, donde "x" es una variable de una propiedad física como la posición, identificada por un subíndice para la partícula 1 o 2.

Las posiciones de las partículas están altamente correlacionadas, ya que si la partícula 1 está en "x" cuando medimos la posición de la partícula 2, la partícula 2 estaría en "$- x$", lo que muestra que la posición de la partícula 2 está altamente correlacionada con la posición de la partícula 1. Por lo tanto, el vector del estado de posición se proyecta sobre el producto directo $|x\rangle_1 |-x\rangle_2$ o $|x\rangle_1 \otimes |-x\rangle_2$, y el centro de masa está en cero. Cuando la posición del centro de masa de un sistema está bien definida o tiene un impulso angular total de cero, incluso si las posiciones de las partículas constituyentes no están bien definidas, las partículas constituyentes pueden estar altamente correlacionadas. Entonces, el estado del sistema entrelazado no puede ser tomado en cuenta como un producto de los estados de las partículas individuales.

La ecuación para el principio de entrelazo de la función de onda es dada por

$$|\Psi(x)\rangle = \frac{1}{\sqrt{2}}\left(|x\rangle_1 + |-x\rangle_2\right)e^{i\left(\frac{v_r}{c_0}\right)^2} \qquad (2.1)$$

La ecuación anterior establece de manera matemática que el estado cuántico de la partícula 1 (posición 1) no puede describirse independientemente del estado cuántico de la partícula 2 (posición 2), y viceversa, incluso para una separación muy larga de la distancia espacial. Es interesante señalar que la distancia espacial entre las partículas puede estar expandiéndose o contrayéndose a medida que pasa el tiempo.

Se ha verificado el principio de complementariedad de la dualidad de la partícula-onda para las partículas elementales y las partículas compuestas como los átomos o las moléculas. El atributo de onda de un objeto clásico o una partícula macroscópica no se puede detectar generalmente debido a su longitud de onda extremadamente corta, su gran masa o su energía cinética, $\lambda_B = h/p = h/\sqrt{2m \cdot (K.E.)}$.

Parafraseando a Eisberg y Resnick, "tanto los objetos microscópicos como los macroscópicos con longitudes de onda pequeñas o grandes tienen materia y radiación que exhiben aspectos de una partícula y una onda. Los aspectos de onda de su movimiento son más difíciles de observar a medida que las longitudes de onda se vuelven más cortas. Para un objeto macroscópico ordinario de masa, el tamaño y el impulso son siempre lo suficientemente grandes como para hacer que la longitud de onda de Broglie sea lo suficientemente pequeña como para estar más allá del rango de detección experimental, y la mecánica clásica reina suprema." (Eisberg, 1985)

Por lo tanto, a medida que la longitud de onda de Broglie de un objeto o una partícula se acorta enormemente en comparación con su diámetro $"D"$ o $"c_0T"$, la insuficiencia de la dualidad de partícula-onda de los objetos y las partículas cuánticas a nivel clásico se convierte en la suficiencia de los objetos y las ondas clásicas a medida que estos atributos se convierten en conceptos únicos para describir los elementos observables y los aspectos del universo clásico. Sin embargo, el atributo partícula-onda sigue existiendo como una característica mecánica cuántica inactiva a un nivel clásico.

En la mecánica cuántica, la expresión de una superposición de estados $\langle p \| w \rangle$ se interpreta típicamente como la amplitud de la probabilidad para que el estado "w" colapse en el estado "p". Además, el producto directo $|w\rangle|p\rangle$ se puede utilizar para describir un sistema compuesto, como un sistema de partícula-onda.

El principio de complementariedad de la dualidad de partícula-onda puede expresarse como

$$|\Psi\rangle = \frac{1}{\sqrt{2}}\left[\langle p\|w\rangle + \left(|w\rangle|p\rangle\right)\right] \equiv me^{i\left(\frac{\lambda}{D}\right)^2} \approx m\left[\mathrm{Cos}\left(\frac{\lambda}{D}\right)^2 + i\,\mathrm{Sin}\left(\frac{\lambda}{D}\right)^2\right] \quad (2.2)$$

$$\lim_{\lambda\to 0} me^{i\left(\frac{\lambda}{D}\right)^2} = m\left[\mathrm{Cos}\left(\frac{\lambda}{D}\right)^2\right] \approx m \ \to\ particle \qquad (2.3)$$

$$\lim_{\lambda\to\infty} me^{i\left(\frac{\lambda}{D}\right)^2} \approx m\left[\mathrm{Cos}\left(\frac{\lambda}{D}\right)^2 + i\,\mathrm{Sin}\left(\frac{\lambda}{D}\right)^2\right] \ \to\ particle + wave \quad (2.4)$$

La propiedad de conformidad conserva tanto los ángulos como las formas de las superficies de ondas esféricas o elipsoidales infinitamente pequeñas, pero no necesariamente su tamaño, su curvatura o eficacia, a medida que aumenta la escala de las formas. Por lo tanto, la dualidad de partícula-onda, la Relatividad General y el entrelazo son escalables en nuestra realidad física, pero sus funciones no son igualmente efectivas porque los tres mecanismos de la mecánica cuántica están emergiendo de la función de onda espaciotemporal, pero no todos son esenciales para la interacción de macrosistemas.

La Teoría General de la Relatividad, la Mecánica Cuántica y sus características proporcionan una imagen complementaria de la realidad física, conjuntamente pueden explicar completamente los fenómenos electromagnéticos de la luz. En los últimos cien años de la Mecánica Cuántica, nada se ha perdido más que tiempo.

Parafraseando al eminente físico Sean M. Carrol durante una entrevista, gravitar el acercamiento mecánico cuántico es una versión extrema del realismo de la función de onda. El camino por seguir es gravitar la mecánica cuántica en lugar de cuantificar la gravedad. Este es un punto de vista que dice que no hay mundo ni observadores clásicos. La posición y la velocidad de una partícula no existe en la Mecánica Cuántica. No hay variables ocultas. La naturaleza comienza con funciones de onda no con una teoría clásica. El espacio y el tiempo son partes de la función de onda. La función de onda del universo es objetivamente real. Todo surge de la función de onda, incluso una Teoría Cuántica de la Gravitación que se escala hasta la Teoría General de la Relatividad. Una variedad espaciotemporal emerge del espacio-tiempo de la función de onda. Cada región del espacio-tiempo contiene un gran número de grados mecánicos cuánticos de libertad que están entrelazados entre sí. La mayor parte de nuestro universo es espacio-tiempo. Las distancias entre diferentes puntos, cerca o lejos, en el espacio-tiempo de la función de onda, pueden ser definidas por el entrelazo mecánico cuántico. Hay un mayor entrelazo entre puntos cercanos, puntos estrechamente relacionados y menor entrelazo entre puntos que están más lejos. La energía puede cambiar el entrelazo de puntos en el espacio-tiempo de la función de onda. Se necesita una descripción cuántica de la cuantificación de la función de onda para cada partícula fundamental. (Carrol, 2020)

§ 3. *¿Se deben las correlaciones de la mecánica cuántica al espacio-tiempo?*

Si los espines de dos partículas entrelazadas se miden en dos direcciones ortogonales, los espines tendrían el mismo tipo de incertidumbre recíproca que la posición y el impulso. De acuerdo con el principio de incertidumbre de la Mecánica Cuántica, si mides el espín en una dirección, no puedes asignar un valor simultáneo exacto para el otro espín. Por lo tanto, el principio de incertidumbre de la Mecánica Cuántica afirmaría un límite fundamental a la precisión, a través de cualquiera de varias desigualdades matemáticas, con las que los valores para los espines de las dos partículas entrelazadas en dos direcciones ortogonales se pueden predecir a partir de las condiciones iniciales. Por eso, si uno estuviera midiendo el espín de una de las partículas en la dirección vertical de arriba hacia abajo, y la otra partícula en la dirección horizontal de izquierda a derecha, no habría correlación entre las mediciones simultáneas. Sin embargo, si las mediciones se realizan en la misma dirección, las mediciones estarían correlacionadas al máximo. Si una de las dos direcciones ortogonales de las mediciones se ajusta hacia una dirección paralela, es posible determinar cuán fuertemente correlacionados se vuelven los resultados de medición si los espines ya se determinan antes de la desintegración de las partículas. En tal caso, la correlación medida tendría el límite superior de la desigualdad de Bell.

Los experimentos de la mecánica cuántica han demostrado que tal límite superior puede ser violado. Surge una dificultad si el valor de medición para el espín se ha determinado cuando se creó el estado de entrelazo de las dos partículas, porque no se pudieron explicar las correlaciones observadas entre los espines de las dos partículas. Si el valor de medición no se determinaba en el entrelazo, los entrelazos se determinarían no localmente en ambos lados en el momento en que uno mide al menos uno de los valores de espín. Tal correlación es más fuerte de lo que podría ser si el espín se hubiera determinado antes de la medición. Por lo tanto, este tipo de resultados de medición se oponen al determinismo y la localidad en favor de la imprevisibilidad y la no localidad.

Imaginemos dos partículas entrelazadas que viajan lejos unas de otras, a la misma velocidad de la luz, en una dirección paralela a través de una dimensión espaciotemporal en el espacio-tiempo isotrópico y homogéneo. Las ondas temporales avanzadas entre ellas siguen caminos paralelos desde sus localidades instantáneas hasta su origen de entrelazo. A pesar de que los caminos espaciotemporales pueden no ser exactamente iguales en términos de, pero no limitado a, la expansión, la contracción o la torsión, se presume que las ondas temporales avanzadas, así como sus taquiones, que viajan entre las dos partículas entrelazadas, proporcionarían el intercambio de información o el apretón de manos eficazmente, cuando se realiza una medición en cualquiera de las partículas, ya que los caminos son direcciones de la misma dimensión.

Si los caminos de las partículas fueran a través de dos dimensiones ortogonales, las ondas temporales avanzadas, o los taquiones, no seguirían sus caminos direccionales a través de la misma dimensión. Se teoriza que las ondas temporales avanzadas, o las fases de sus taquiones, entre dos partículas entrelazadas, pueden no verse igualmente afectadas por las perturbaciones espaciotemporales, cuando viajan a través de las direcciones de diferentes dimensiones. Como resultado, una medición en cualquiera de las partículas sería incierta y la correlación de mediciones sería recíprocamente incierta. Sin embargo, si una de las dos direcciones ortogonales de las mediciones se ajusta hacia una dirección paralela, ya que uno de los caminos direccionales se vuelve menos ortogonal y más paralelo al otro, las mediciones pueden correlacionarse en un límite inferior de la desigualdad de Bell, ya que las ondas temporales avanzadas, o las fases de sus taquiones, pueden verse menos afectadas por las perturbaciones espaciotemporales de la dirección de la dimensión ortogonal.

Además, si los espines se habían determinado en el entrelazo, se teoriza que las correlaciones observadas entre los espines de las dos partículas se deben a las condiciones deterministas de las partículas que existen en la localidad de origen que son fuertemente conservadas por las ondas temporales avanzadas y sus taquiones a través de los caminos direccionales de las partículas. La causalidad se conservaría cuando la medición se realice antes de la desintegración de partículas. De lo contrario, los espines se determinarían no localmente en ambos lados en el momento en que uno mide al menos uno de los valores de espín. Por lo tanto, si estas hipótesis son compatibles, las correlaciones de la Mecánica Cuántica y la Causalidad pueden estar directamente relacionadas con la teoría de ondas espaciotemporales.

Capítulo 6

La Equivalencia significa la Igualdad, y otros Tópicos Actuales de la Ciencia

§ 1. ¿Por qué la función de onda sigue la ecuación de Schrödinger? ¿Pueden las ecuaciones de campo de Einstein ser derivadas de la ecuación de Schrödinger?

La función de onda de la Mecánica Cuántica guía la partícula cuántica e indica la ubicación y la velocidad de la partícula. Una partícula sigue la geometría del espacio-tiempo mientras se guía por la función de onda espaciotemporal que está representada por la ecuación de Schrodinger en un medio espaciotemporal descrito por las Ecuaciones de Campo de Einstein de la Teoría General de la Relatividad.

Describamos la ecuación unidimensional de Schrödinger independiente del tiempo para la función de onda.

$$\frac{\partial^2 \Psi}{\partial x^2} + \frac{8\pi^2 m}{h^2}\left(E - V\right)\Psi = 0 \qquad (1.1)$$

Donde Ψ es la función de onda, x es una distancia espacial o de posición, m es la masa, h es la constante de Planck, E es la energía, y V es la energía potencial.

Definiendo constantes en términos de unidades y de otras constantes,

$$G \equiv \frac{r^3}{m \cdot s^2} = \frac{r^5}{h \cdot s^3} = \frac{c^3 \cdot r^2}{h} \qquad (1.2)$$

$$\frac{8\pi G}{c^4} \equiv \frac{4 \cdot 2\pi \cdot c^3 \cdot r^2}{hc^4} = \frac{4r^2}{\hbar c} = \frac{4r}{\hbar f} = \frac{4 \cdot 2\pi r}{\hbar \omega} = \frac{8\pi r}{\hbar \omega} \qquad (1.3)$$

$$G = \frac{c^4 r}{\hbar \omega} \qquad (1.4)$$

$$\hbar\omega = \frac{c^4 r}{G} \equiv \text{Force}\cdot\text{distance} \equiv \text{Energy} \qquad (1.5)$$

$$\frac{\hbar\omega}{r} = \frac{c^4}{G} \equiv \text{A force} \qquad (1.6)$$

Definiendo la función de onda con la ecuación de Schrödinger sobre el espacio y el tiempo,

$$i\hbar\frac{\partial\Psi(r,t)}{\partial t} = -\frac{\hbar^2}{2m}\nabla^2\Psi(r,t) + V\Psi(r,t) \qquad (1.7)$$

La Energía Total =
− (La Energía Cinética) + La Energía Potencial $\qquad$ (1.8)

Donde $\hbar$ es la constante de Planck reducida, "i" es igual a un número imaginario $\sqrt{-1}$, $\Psi(r, t)$ es la función de onda definida sobre el espacio y el tiempo, m es la masa, ∇^2 es el operador Laplaciano para el espacio tridimensional, y $V(r, t)$ es la energía potencial definida sobre el espacio y el tiempo.

Definamos cómo la energía total menos la energía potencial es igual a la energía cinética, ya que una partícula sigue la geometría del espacio-tiempo, como lo describen las ecuaciones de campo de Einstein. Imaginemos que una partícula cae libremente en un campo gravitacional siguiendo la geometría de la curvatura espaciotemporal producida por un cuerpo celeste de masa. Por consiguiente, si ninguna otra fuerza actúa sobre la partícula, el cambio en la energía cinética representa el cambio en la distancia de la curvatura a lo largo de su trayectoria debido a la densidad de energía de la masa, o la presión espaciotemporal proporcional que produce el campo gravitacional que actúa sobre la partícula. En tal escenario, ¿sería equivalente la ecuación del Schrödinger para la densidad de la energía cinética a las ecuaciones de campo de Einstein de la Teoría General de la Relatividad?

$$i\hbar\frac{\partial\Psi(r,t)}{r^3\partial t} - \frac{V}{r^3}\Psi(r,t) \overset{?}{=} \frac{c^4}{G}G_{\mu\nu} = 4\pi T_{\mu\nu} \qquad (1.9)$$

El eminente y humorístico físico Richard Feynman supuestamente dijo: "¿De dónde sacamos la ecuación de Schrodinger? De ningún lado. No es posible derivarla de nada de lo que sabes. Salió de la mente de Schrödinger." Imaginemos un viaje a la mente de Schrödinger para analizar su ecuación, para iluminar de dónde pudo haber salido la ecuación y para encontrar si provenía de los mismos principios que la Teoría General de la Relatividad. ¿Es posible que Schrodinger y Einstein estuvieran conceptualizando sus ecuaciones sobre el mismo fenómeno natural desde extremos opuestos en el espectro espaciotemporal de la realidad, el mundo cuántico versus el mundo clásico? (Hey, 2009)

La densidad de la masa, la energía o la materia en el espacio-tiempo es proporcional a la presión espaciotemporal sobre la geometría de la masa, la energía o la materia.

$$\frac{m \cdot r^2}{t^2 \cdot r^3} = \frac{E}{r^3} = \frac{F \cdot r}{r^3} = \frac{F}{r^2} \tag{1.10}$$

Donde $"r"$ es una distancia espacial, $"t"$ es una distancia temporal, E es la energía, m es la masa, y F es una fuerza.

Definiendo los componentes de la ecuación de Schrödinger de cuatro dimensiones con las tres dimensiones temporales plegadas en una y tres dimensiones espaciales,

$$i\hbar \frac{\partial \Psi(r,t)}{\partial t} = i\left[\frac{m \cdot r^2}{2\pi t^2}\right]\Psi \tag{1.11}$$

$$V\Psi(r,t) = [\hbar\omega]\Psi = \left[\frac{m \cdot r^2}{2\pi t^2}\right]\Psi \tag{1.12}$$

$$-\frac{\hbar^2}{2m}\nabla^2\Psi(r,t) = -\left[\frac{m^2 \cdot r^4}{8\pi^2 t^2 \cdot m} \cdot \frac{1}{r^2}\right]\Psi = -\left[\frac{m \cdot r^2}{8\pi^2 t^2}\right]\Psi \tag{1.13}$$

Reensamblando los tres componentes de la ecuación del Schrodinger en términos de las variables de la masa, el espacio y el tiempo.

$$i\left[\frac{m \cdot r^2}{2\pi t^2}\right]\Psi = -\left[\frac{m \cdot r^2}{8\pi^2 t^2}\right]\Psi + \left[\frac{m \cdot r^2}{2\pi t^2}\right]\Psi \qquad (1.14)$$

Dividiendo la ecuación por $1/r^3$ para expresar la densidad de la energía o la presión,

$$-i\left[\frac{m \cdot c^2}{2\pi r^3}\right]\Psi = \left[\frac{m \cdot c^2}{8\pi^2 r^3}\right]\Psi - \left[\frac{m \cdot c^2}{2\pi r^3}\right]\Psi \qquad (1.15)$$

Multiplicando la ecuación anterior por 2π para simplificar los términos,

$$-i\left[\frac{m \cdot c^2}{r^3}\right]\Psi = \left[\frac{m \cdot c^2}{4\pi r^3}\right]\Psi - \left[\frac{m \cdot c^2}{r^3}\right]\Psi \qquad (1.16)$$

$$\left[\frac{m \cdot c^2}{r^3}\right]\Psi - i\left[\frac{m \cdot c^2}{r^3}\right]\Psi = \left[\frac{m \cdot c^2}{4\pi r^3}\right]\Psi \qquad (1.17)$$

$$4\pi\left[\left(\frac{E}{r^3}\right)\Psi - i\left(\frac{F}{r^2}\right)\Psi\right] = \left[\frac{F}{r^2}\right]\Psi \qquad (1.18)$$

Multiplicando por el valor de traza "−6" del tensor Ricci para la curvatura según la Relatividad General.

$$-24\pi\left[(\rho)\Psi - i(p)\Psi\right] = \left[(-6)\left(\frac{c^4}{Gr^2}\right)\right]\Psi \qquad (1.19)$$

En la ecuación anterior "i" es igual a una rotación de 90^0 porque la presión reactiva se aplica perpendicularmente por el perímetro de la masa, la energía o la materia. Sólo el componente perpendicular de la presión funciona sobre el contorno de la geometría esférica del objeto. El término ($1/r^2$) representa curvatura, ρ es la densidad de la masa y p es la presión del tensor de estrés-energía-impulso $\left(T = g^{\mu\nu}T_{\mu\nu} = -3\rho + 3p\right)$.

Una digresión sobre las investigaciones anteriores, el coeficiente de la densidad de la energía y la variable de la presión es "3" si el tiempo se despliega en sus tres dimensiones temporales. Cada dimensión espacial tiene una dimensión temporal conjugada. El espacio-tiempo es complejo. (Nieves, 2020)

$$-\frac{8\pi G}{c^4}\left[\left(-3\rho\right)\Psi+\left(3p\angle 90^0\right)\Psi\right]=\left[\left(-6\right)\left(\frac{1}{r^2}\right)\right]\Psi \qquad (1.20)$$

Reorganizando la ecuación anterior a una ecuación de campo de Einstein más reconocible, usando sólo la magnitud de la presión, tenemos

$$-6\left(\frac{1}{r^2}\right)\Psi=-\frac{8\pi G}{c^4}\left(-3\rho+3p\right)\Psi \qquad (1.21)$$

Reemplazando la variable de la curvatura ($1/r^2$) por la traza R del tensor de curvatura de Ricci, donde n es igual a cuatro dimensiones como en la ecuación original de Einstein, obtenemos

$$\left(-R\right)\Psi=-\frac{4\pi G}{c^4}\left(-\rho+p\right)\Psi \qquad (1.22)$$

$$\left(R_{\mu\nu}-\frac{1}{\left(n-1\right)}g_{\mu\nu}R\right)\Psi=\frac{4\pi G}{c^4}T_{\mu\nu}\Psi \qquad (1.23)$$

$$\left(R_{\mu\nu}-\frac{1}{3}g_{\mu\nu}R\right)\Psi=\frac{4\pi G}{c^4}T_{\mu\nu}\Psi \qquad (1.24)$$

Dividir ambos lados de la ecuación por la función de onda Ψ para dejar sólo el tensor de curvatura de Einstein y el tensor de estrés-energía-impulso de la Teoría General de la Relatividad,

$$G_{\mu\nu}=\frac{4\pi G}{c^4}T_{\mu\nu} \qquad (1.25)$$

Quod Erat Demonstrantum. Las ecuaciones de campo de la Teoría General de la Relatividad surgen de la ecuación de Schrodinger que guía la función de onda espaciotemporal de la Mecánica Cuántica.

§ 2. ¿Cuál es la ecuación de seis dimensiones para la Energía Total?

La Cinemática es el campo de la física que describe el movimiento de los cuerpos y descubre las velocidades o las aceleraciones para varios objetos. Por otro lado, la Cinética describe cómo reacciona un cuerpo cuando se le aplica una fuerza o un torque. Dado que la ecuación total de la energía es una ecuación cinética, la energía total es potencialmente cinética en la naturaleza, y puede expresarse matemáticamente como tal, o como una ecuación de impulso total para una colisión instantánea totalmente elástica.

$$\text{La Energía Total} = $$
$$- (\text{La Energía Cinética}) + \text{La Energía Potencial} \qquad (2.1)$$

$$\frac{mc^2}{8\pi} = -\frac{1}{8\pi}\frac{h^2c}{m\lambda^2} + \pi mgrc \qquad (2.2)$$

Convertir la ecuación de 4 a 6 dimensiones multiplicando por $"c"$ para denotar la ecuación de energía total de seis dimensiones,

$$\frac{mc^3}{4\pi} = -\frac{h^2c}{4\pi m\lambda^2} + 2\pi hg \qquad (2.3)$$

$$i\frac{m^2G}{4\pi}\frac{\partial\Psi(r,t)}{\partial t} = -\frac{m^2G\omega}{4\pi}\nabla^2\Psi(r,t) + 2\pi cV\Psi(r,t) \qquad (2.4)$$

$$i\frac{\hbar^2}{mr}\frac{\partial\Psi(r,t)}{\partial t} = -\frac{\hbar^2\omega}{mr}\nabla^2\Psi(r,t) + 2cV\Psi(r,t) \qquad (2.5)$$

$$i\hbar^2\frac{\partial\Psi(r,t)}{\partial t} = -\hbar^2\omega\nabla^2\Psi(r,t) + 2hV\Psi(r,t) \qquad (2.6)$$

La energía de impulso o "momenergía" de una partícula que viaja a través del espacio-tiempo de seis dimensiones puede expresarse en sus términos más simples como

$$m^2 c^3 = -\frac{h^2 c}{\lambda^2} + 2m^2 grc \qquad (2.7)$$

$$p \cdot mc^2 = -p^2 c + 2p \cdot mc^2 \qquad (2.8)$$

Por consiguiente, es interesante tener en cuenta que el producto de la energía Einsteiniana de seis dimensiones y la masa es la energía de impulso o la momenergía. Dado que el espacio-tiempo de seis dimensiones tiene tres dimensiones espaciales y tres dimensiones temporales, el producto de la masa al cuadrado con un desplazamiento espaciotemporal, que consta de tres componentes espaciales y tres componentes temporales, puede combinarse en una cantidad llamada momenergía. La magnitud del vector de momenergía es una combinación particular de energía e impulso que es invariable.

Por eso, denotemos la momenergía de la siguiente manera:

$$La\ Momenergía\ \left(p \cdot mc^2\right) = \left(la\ masa\right)^2 \times \frac{Desplazamiento\ Espacial\ \left(m^3\right)}{Desplazamiento\ Temporal\ \left(s^3\right)} \qquad (2.9)$$

La dirección de la momenergía de la partícula es la dirección de la línea mundial de la partícula en un instante específico del tiempo. El impulso y la energía son relativistas y conservados. *La energía es proporcional al impulso de una manera similar a la que el espacio es proporcional al tiempo.*

§ 3. La distorsión espaciotemporal giratoria de dos cargas.

Se cree que un puente espaciotemporal es una conexión cósmica entre dos regiones del espacio-tiempo dentro de un universo o entre dos universos. Teóricamente, un puente espaciotemporal puede ayudar a una señal a viajar entre dos lugares espaciotemporales que están muy lejos, proporcionando un camino más corto entre un emisor en un punto espaciotemporal y un receptor en otro punto del espacio-tiempo, si eso fuera posible a través de un puente Lorentz, que si la señal viajara a través del universo a la velocidad de la luz. Un puente espaciotemporal es matemáticamente posible y plantea la pregunta: ¿Se pudiera demostrar científicamente?

La Teoría General de la Relatividad permite viajar en el tiempo al futuro, pero no al pasado debido a la causalidad, a menos que la tecnología permita viajar más rápido que la luz a universos paralelos u otros escenarios que han sido considerados. Los puentes espaciotemporales son soluciones aceptadas para las ECEs. En 1916 Ludwig Flamm se dio cuenta de que en ciertos sistemas de coordenadas, el agujero gravitacional descrito por la solución Schwarzschild a las ECEs era un embudo de dos lados o un puente espaciotemporal, que conecta un agujero negro con un agujero blanco. La entrada, o el agujero negro, y la salida, o el agujero blanco, podría estar en el mismo universo o en universos paralelos. La solución Schwarzschild describe dos regiones espaciotemporales simétricas, y el embudo de dos lados es la conexión cósmica entre ellas. En 1935, Albert Einstein y Nathan Rosen expandieron la realización de Flamm a una teoría de partículas. Imaginaron dos puentes espaciotemporales en dos regiones espaciotemporales dentro del mismo universo. En estas regiones espaciotemporales, los puentes que conectan las dos regiones se comportarían como dos partículas. Estas partículas podrían moverse e interactuar entre sí. Estos puentes podrían ser ensartados con líneas de campo electromagnético, y se comportarían como partículas cargadas que interactúan. (Einstein, 1935)

Imaginemos además que estos puentes están cargados en sentido contrario como en un dipolo, con uno positivo y el otro negativo, rodeados de un campo electromagnético. Estos puentes Einstein-Rosen se comportarían de forma similar a un par de electrón-positrón. Este puente permitiría viajar en el tiempo cuántico. (Fuller, 1962) Si el extremo de entrada de un puente transitable es estacionario y el extremo de salida se gira a la velocidad de la luz, entonces teóricamente, el viajero del tiempo siempre podría viajar en el tiempo al instante donde el extremo de salida se aceleró y el tiempo no pasaba, pero no anteriormente en el tiempo cuando el puente no existía todavía. ¿Qué pasaría con la causalidad entonces? Si se utiliza la solución Schwarzschild, para un puente no giratorio, el puente colapsaría tan rápidamente que ni siquiera una señal podría atravesarlo. La causalidad no se violaría. Las ECEs permiten cualquier topología y geometría que cambia suavemente de la estructura espaciotemporal. Actualmente se cree que la única limitación del espacio-tiempo tiene que ver con la naturaleza de la energía y la materia que el espacio-tiempo puede contener. La geometría espaciotemporal define la distribución de la materia, o la energía, por ejemplo, para mantener abierto el puente espaciotemporal. La energía exótica puede ser un campo electromagnético y un potencial de campo. Estas condiciones no infringirían las restricciones de distribución permitidas por las ECEs.

Consideremos una tecnología avanzada que permite a un hipermotor producir un par de electrón-positrón giratorio, o un par de electrón-electrón giratorio, para iniciar una distorsión espaciotemporal, y se crean dos puentes espaciotemporales que podrían ser ensartados con líneas de campo electromagnético y un potencial de campo, donde estos puentes se comportarían como partículas cargadas que interactúan. (Alcubierre, 1994) Si el hipermotor utiliza un par de electrón-electrón, teóricamente es posible hipotetizar ese potencial de voltaje, un campo magnético, y una torsión, se puede utilizar para ensartar, para ensanchar la abertura, y para mantener la estabilidad del puente espaciotemporal en toda su línea de tiempo. Una señal puede viajar a través del puente espaciotemporal de un emisor a un receptor que están muy separados en el espacio-tiempo del mismo universo. La causalidad no se violaría en un escenario de la mecánica cuántica de muchos mundos. (Everett, 1973)

A partir de investigaciones teóricas anteriores, un puente espacial entre dos regiones del universo puede proporcionar un paso más rápido a través del espacio. Por lo tanto, el puente espaciotemporal de categoría uno sería mayormente espacial, con cambios de coordenadas temporales que son casi insignificantes. Ambas puertas del puente estarían separadas espacialmente, pero casi simultáneamente en el medio temporal. Un puente espaciotemporal de categoría dos sería espacial y temporal, pero el cambio en las coordenadas temporales es hacia el futuro. Un puente de categoría tres es un puente espacial, temporal e inter-dimensional a través del espacio-tiempo de seis dimensiones. Si las puertas son concéntricas, el efecto de distorsión temporal es mayor que el efecto espacial en el mismo plano espaciotemporal, hacia el pasado. Por lo tanto, un puente espaciotemporal puede ser dirigido, y más tarde redirigido, alineado, o más tarde realineado, en la dirección de la métrica espaciotemporal resultante hacia el futuro, presente, o pasado. (Nieves, 2020)

Imaginemos un fantástico viaje de exploración que el joven y talentoso escritor de ciencia ficción George H. White pudo haberse imaginado sobre una sonda inter-dimensional con inteligencia artificial y otra tecnología avanzada que puede ser enviada al pasado de la Tierra a través de un puente espaciotemporal para registrar y archivar acontecimientos históricos de la humanidad y la geología desde una órbita terrestre. (Blanco, 1978) La alineación o la orientación astronómica o magnética de estructuras tales como templos, pirámides, tumbas, arreglos de piedras masivas y otros monumentos, puede ser utilizada como relojes cronológicos para el tiempo aparente de la tierra por la sonda para actualizar o verificar la precisión de su reloj de destino y grabaciones. Las estructuras duraderas y masivas pueden ser construidas durante un período previo a la civilización o un período de civilización temprana para servir como puntos de referencia cronológicos para la exploración posterior. Sería importante que suficientes de estas estructuras masivas permanezcan como legado de ingeniería, ciencia, y arquitectura para cualquier civilización futura.

Parafraseando a Albert Einstein, "según Hapgood, la corteza exterior prácticamente rígida de la tierra sufre, de vez en cuando, un desplazamiento extenso sobre las capas internas". Además, durante mucho tiempo se ha entendido que los polos magnéticos de la Tierra (polos de inmersión) migran con el tiempo, o que los polos magnéticos podían voltearse cada 200,000 a 300,000 años. Los estudios geológicos de la sonda pueden ayudar a corregir imprecisiones, así como confirmar estas teorías, para mejorar la precisión del seguimiento de los polos magnéticos de la Tierra para la navegación y otros propósitos. (Hapgood, 1958) (Brown, 1967) Mediante el seguimiento del polo magnético (el sumidero) en el polo geográfico norte de la Tierra donde convergen las líneas magnéticas, una sonda de exploración puede calcular un tiempo aparente en el pasado de la tierra más preciso. El WWV es la señal de llamada de radio para la estación de radio de ondas cortas para la hora y la frecuencia del Instituto Nacional de Estándares y Tecnología. Es la estación de radio de funcionamiento continuo más antigua de los Estados Unidos de América. Desde el 1920, el WWV ha estado enviando, desde diferentes transmisores, varias señales de alta frecuencia en el espectro radioeléctrico entre 5-20 MHz, que son precisas a 0.0001 milisegundos. Estos transmisores fueron reubicados en sitios del Estado de Maryland en el 1931, y luego a Fort Collins, Colorado, en el 1966. La sonda de exploración podría utilizar fácilmente estas señales para un hora de la tierra aparente y precisa. Desde la proliferación del Internet en la década de los 1990s, la World Wide Web, descendiente de la ARPANET, una interconexión troncal de redes académicas y militares de la década de los 1970s, también podría convertirse en una fuente crucial de información histórica para el archivo de la sonda. Después de imaginar su viaje de exploración fantástica a través del tiempo, el talentoso George H. White habría dejado su ensueño cuando escuchó a su esposa decir "¡Cariño, tu once se está enfriando!".

§ 4. ¿Cuál sería el beneficio de sintetizar los metales pobres y pesados?

El elemento Ununpentio fue sintetizado por primera vez en el 2003 por un equipo conjunto de científicos rusos y estadounidenses en el Instituto Conjunto para la Investigación Nuclear (ICIN) en Dubna, Rusia. En Diciembre del 2015, fue reconocido como uno de los cuatro nuevos elementos por el Grupo de Trabajo Conjunto de organismos científicos internacionales IUPAC e IUPAP. Ununpentio es un elemento extremadamente radiactivo, su isótopo más estable conocido, el Unupentium-290, tiene una vida media de sólo 0.65 segundos. No se han medido otras propiedades, aparte de las propiedades nucleares, de Ununpentio o sus compuestos, debido a su producción extremadamente limitada y costosa y su rápida desintegración. Las propiedades de Ununpentio siguen siendo desconocidas y sólo hay predicciones disponibles, lo que plantea la pregunta: ¿cuál sería el beneficio de sintetizar un metal pobre y pesado como Ununpentio? (Subramanian, 2019) Hagamos un análisis gravitacional de un cuerpo de masa de Ununpentio. Veamos la aceleración gravitacional de un cuerpo de masa que consiste en un metal pobre y pesado para analizar cómo se comporta la gravitación a nivel atómico y a gran escala. Veamos uno de los elementos que se han fabricado recientemente sintéticamente en el laboratorio. El elemento Ununpentio tiene las características de un metal pobre y pesado como se muestra a continuación. (St. Fleur, 2016)

$$El\ \text{Á}rea\ de\ Superficie\ (403\ partículas\ /\ \text{á}tomo) = \frac{4\pi\left(ar_e^{\,2} + br_p^{\,2} + cr_n^{\,2}\right)}{1\ \text{á}tomo} \quad (4.1)$$

Donde a, b, y c son las cantidades de electrones, protones, y neutrones por átomo de Uup.

$$\textit{Número de Átomos} = \frac{1\ Kg\ de\ Uup}{0.288\ Kg\,/\,mol} \tag{4.2}$$

$$x\ \ \textit{El Número de Avogadro}\ \left(\textit{átomos}\,/\,\textit{mol}\right)$$

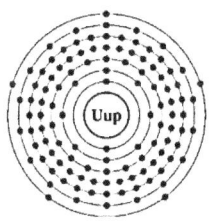

Figura 1. La Configuración Electrónica de Ununpentio.

Ununpentio	Uup
Configuración (Predicha)	$1s^2 2s^2 2p^6 3s^2 3p^6 4s^2 3d^{10} 4p^6 5s^2 4d^{10} 5p^6 6s^2 4f^{14} 5d^{10} 6p^6 7s^2 5f^{14} 6d^{10} 7p^3$
Electrones/Capas (Predicha)	$2,8,18,32,32,18,5$
Velocidad de los Electrones	$\sim c$
El Punto de Fusión (Predicho)	$400\ {}^0C$
El Punto de Ebullición (Predicho)	$\sim 1100\ {}^0C$
El Radio Atómico (Empírico)	$r_z = 187\ x\ 10^{-12} m$
El Número de Electrones (a)	115 (28.54%)
El Radio $(1e)$	Clasico: $2.8179403227\ x\ 10^{-15}\ m$ Observado: $10^{-18}m - 10^{-22}m\ (\textit{ice}\ 10^{-20}m)$
El Área de Superficie (de $115\,e's$)	$115\ x\ 4\pi\ x\ 10^{-30}\ m^2 = 1.445132621\ x\ 10^{-27} m^2$
El Número de Protones (b)	115 (28.54%)
El Radio $(1p)$	$0.84 - 0.87\ x\ 10^{-15}\ m\ (\textit{ice}\ 0.855\ x\ 10^{-15}\ m)$
El Área de Superficie ($115\ p's$)	$1.056428074\ x\ 10^{-28} m^2$
El Número de Neutrones (n)	173 (42.92%)
El Radio $(1n)$	$0.8\ x\ 10^{-15}\ m$
El Área de la Superficie ($173\ n's$)	$1.391348554\ x\ 10^{-27} m^2$
Área Total de la Superficie (403)	$2.447776629\ x\ 10^{-27}\ m^2$
El Número Total de Partículas/Isotopo	403 (100%)

La Masa Atómica	288 u (amu)
El Peso/Átomo (403)	Peso calculado de 403 átomos: $4.821356048 \times 10^{-22} Kg$ Calculado de 288 u: $4.782352435 \times 10^{-25} Kg$ 1 amu (1 u) $\approx 1.6605390420 \times 10^{-27} Kg$
La Densidad (Predicho)	$13.5 \, g/cm^3 = 13500 \, Kg/m^3$
El Radio Alfa (1 Átomo)	$r_\alpha = \sqrt[3]{\text{Área Total de la Superficie } (403)/4\pi}$ $r_\alpha \approx \sqrt[3]{1.94787875 \times 10^{-28} m^3} = 1.395664269 \times 10^{-14} \, m$
El Número de Avogadro	6.022×10^{23} átomos / mol
El Número de Moles en $1Kg$	3.472303439 moles (de 288 u) 0.003444213 moles (de la suma de pesos atómicos)
Número de Átomos en $1Kg$ (N)	$2.091021131 \times 10^{24}$ átomos / Kg (de 288 u) $2.074105273 \times 10^{21}$ átomos / Kg (de la suma de pesos atómicos)
El Área de Superficie Alfa (Todos los átomos en $1Kg$)	$0.005118353 \, m^2$ (de 288 u) $0.000005077 \, m^2$ (de la suma de pesos atómicos)
El Radio Beta ($1Kg/m^3$)	$r_\beta \approx 0.05588464 \, m$
El Área de la Superficie Beta	$0.008529586 \, m^2$ para una esfera de 1 Kg/m^3
Proporción de Áreas de la Superficie Alfa/Beta	$4\pi r_\alpha^2 / 4\pi r_\beta^2 = r_\alpha^2 / r_\beta^2 \approx 0.600070508$ (de 288 u)
El Radio Alfa/El Radio Beta	$r_\alpha / r_\beta \approx 0.774642181$ (de 288 u)
El Radio Alfa/El Radio Atómico	$r_\alpha / r_s \approx 0.00074634 \approx \sqrt[3]{6 \times 10^{-13}}$
La Gravedad Estándar de la Tierra (g)	$9.80655 \, m/s^2$
La Gravedad Beta (1Kg)	$g_\beta \propto \dfrac{r_\alpha^2}{r_\beta^2} g_\alpha \qquad \dfrac{g_\beta}{g_\alpha} \propto \dfrac{r_\alpha^2}{r_\beta^2}$
La Gravedad Alfa (1Kg)	$g_\alpha \propto \dfrac{r_\beta^2}{r_\alpha^2} g_\beta$

Figura 2. Las Características del Elemento Ununpentio.

El radio atómico es una medida del tamaño del radio de un solo átomo de un elemento, generalmente la distancia media o típica desde el centro del núcleo hasta un límite esférico de la nube circundante de electrones. El límite no es una entidad física bien definida. Los electrones de Ununpentio se mueven a velocidades comparables a la velocidad de la luz. La masa atómica es aproximadamente igual al número de protones y neutrones en un átomo, o el número promedio que permite las abundancias relativas de diferentes isótopos.

El metal pobre y pesado Ununpentio, y elementos más bajos como los lantánidos (elementos de tierras raras) tienen átomos con radios más cortos de lo que se habría pronosticado anteriormente, debido al blindaje en los metales pobres y pesados o el blindaje en los lantánidos. El blindaje en los metales pobres y pesados tiene que ver con la atracción electromagnética entre el núcleo y los electrones más externos que están parcialmente blindados por los electrones internos en su camino. La atracción electromagnética está blindada colectivamente a medida que más electrones están en los orbitales $"d"$ y $"f"$. Pero a medida que los electrones más externos aumentan en los metales pobres más pesados, el efecto de blindaje disminuye y los radios atómicos de los metales pobres más pesados se vuelven más cortos. A medida que el radio atómico se hace más corto, el campo gravitacional Alfa de un átomo de un metal pobre y pesado como Ununpentio se extiende más lejos que su radio.

Los electrones internos de los elementos metálicos pobres y pesados se mueven a velocidades relativistas a medida que aumenta la carga y las partículas del núcleo, lo que ayuda al efecto electromagnético en los electrones más externos. Estos electrones relativistas son más pesados y acortan aún más el radio atómico del elemento del metal pobre y pesado, afectando también a los orbitales de los electrones de una manera compleja. La investigación sobre Copernicio 112, ha proporcionado evidencia experimental de estas características para metales pobres y pesados y para los lantánidos. (Schwerdtfeger et Al, 2008)

Ha sido posible calcular que el radio atómico empírico r_A se extiende más allá del perímetro infinitesimal del radio gravitacional r_α de un átomo de Ununpentio, lo que permite un mayor potencial de curvatura espaciotemporal a nivel atómico. Por lo tanto, es posible sugerir que las ondas-G Alfa pueden ser accesibles fuera del radio gravitacional r_α del átomo Ununpentio. La onda-G Alfa tiene longitud de onda, frecuencia, y amplitud como cualquier otra onda que pueda ser modulada. La mayor curvatura espaciotemporal Alfa $\left(1/m^2\right)$ de todos los átomos en 1 Kg de Ununpentio produce una mayor aceleración gravitacional, que la curvatura espaciotemporal Beta para la misma cantidad de masa, que es medible a gran escala de materia fuera del cuerpo de masa. En consecuencia, la aceleración gravitacional de un solo átomo de Ununpentio, la onda-G Alfa, es menor que la aceleración gravitacional del cuerpo de masa a gran escala, pero la suma de las ondas-G Alfa de todos los átomos de la misma cantidad de masa es mayor que las ondas-G Beta del cuerpo de masa a gran escala.

Si la aceleración volumétrica del espacio-tiempo en el radio gravitacional r_α es proporcional a la aceleración volumétrica en el radio gravitacional r_β para conservar la energía gravitacional de todo el cuerpo de masa, tendríamos

$$g_\alpha r_\alpha^{\,2} \propto g_\beta r_\beta^{\,2} \qquad (4.3)$$

$$\frac{g_\alpha}{g_\beta} \propto \frac{r_\beta^{\,2}}{r_\alpha^{\,2}} \qquad (4.4)$$

Por eso, en el caso de que la proporción de radios atómicos Alfa-a-Beta sea 0.774642181 por ciento, la curvatura Alfa es aproximadamente 1.290918601, o aproximadamente 1/3 mayor, que la curvatura Beta, produciendo una mayor aceleración gravitacional Alfa de aproximadamente 1.67, o ~ 5/3, a nivel atómico integral.

$$g_\alpha \propto \frac{r_\beta^{\,2}}{r_\alpha^{\,2}} g_\beta \qquad (4.5)$$

En el caso anterior, dado que la curvatura Beta es menor que la curvatura Alfa, la aceleración gravitacional de las ondas-G Beta serían de aproximadamente un 60% de la aceleración gravitacional de las ondas-G Alfa.

$$g_\beta \propto \frac{r_\alpha^2}{r_\beta^2} g_\alpha \qquad (4.6)$$

¿Cómo sería capaz un ingeniero brillante y competente de utilizar este metal pesado y pobre para la propulsión?

Ahora que hemos discutido un elemento de metal pobre y pesado, imaginemos el sueño fantástico y popular de los niños en los años de los 1950 y los sesenta de un coche volador, si el sueño de construir un vehículo de este tipo fuera posible a través de la tecnología de la modulación gravitacional. Esta idea ficticia pero científica de nuestro proyecto teórico Jules-Verne, fue parte del mundo hace mucho tiempo donde los niños vieron en al menos una publicación que 'los motores G están llegando!' Así que, sigamos adelante y tratemos de cumplir ese sueño fantasioso dentro de nuestro proyecto teórico.

El coche volador conectado y autónomo tendría cuatro pequeños proyectores gravitacionales en cada esquina de la parte inferior del vehículo para la dirección direccional, y un proyector gravitacional más grande en el centro del tren de rodaje para el levantamiento. Cualquier par de los pequeños proyectores G diagonales, o el proyector G más grande del centro, sería suficiente para el levantamiento completo y la flotabilidad espaciotemporal. Si tal idea ficticia pero científica fuera posible, requeriría algún tipo de motor gravitacional que produzca lo que podríamos llamar las ondas-G Alfa que interfieren, o cancelan, algunas de las ondas-G Beta emitidas por un cuerpo celeste de masa como la Tierra.

En el estilo cortés del eminente ingeniero Nicola Tesla, el coche volador puede funcionar en las calles como un vehículo eléctrico para distancias cortas. Cada neumático de pared lateral, de tracción en las cuatro ruedas, del coche eléctrico volador, serviría como parte del tren de aterrizaje, y cada rueda tendría su propio motor eléctrico incorporado. Para un entusiasta que es más un piloto que un conductor, el fantástico vehículo volador puede ser construido como una nave de forma triangular sin un motor eléctrico con sólo tres pequeños proyectores gravitacionales en cada esquina y un proyector gravitacional más grande en el centro del tren de aterrizaje.

¿Cómo habría diseñado Tesla un reactor zumbador lineal que sea compacto y un sistema de energía de un vehículo tan fantástico? Tesla probablemente habría visualizado y realizado el diseño a través de sus habilidades renombradas para la resolución de problemas. El motor G del coche eléctrico volador utilizaría un RZL blindado para bombardear el Ununpentio con un acelerador de partículas de una manera modulada que produce la cantidad deseada de ondas-G Alfa pulsadas, una contención de partículas Alfa, y radiación. La radiación se puede utilizar, a través de un convertidor termoeléctrico, para producir energía eléctrica para las baterías y dispositivos a bordo del fantástico coche eléctrico volador. El acelerador de partículas inyecta partículas Alfa, como los iones positivos de Helio, despojando un electrón, para ralentizar la aceleración con el fin de modular mejor la energía del haz en la cámara de vacío sintonizada y blindada del RZL. Cuatro átomos de Ununpentio han sido sintetizados en 2003 bombardeando Americio-243 con iones de Calcio-48. Estos átomos se desintegraron por la emisión de las partículas Alfa a Nihonio en unos 100 milisegundos.

Es imaginable que con dicha tecnología Tesla, el Ununpentio pueda transmutar, ganando o aumentando, su número de nucleones al siguiente elemento más pesado, Livermorio, causando un cambio de fase de onda-G Alfa a una onda-G Alfa más fuerte que se extiende más allá del perímetro de cada átomo aumentativo de Ununpentio. En consecuencia, las ondas-G Alfa que son de órdenes de magnitud más fuertes que las ondas-G Beta pueden ser accesibles con la tecnología adecuada.

El Sr. Tesla, nuestro brillante ingeniero, pensaría en formas prácticas de acceder y guiar esas ondas-G Alfa, a través de tubos sintonizados y resonadores de cavidad, para afinar y amplificar las ondas-G Alfa en su camino a los proyectores o emisores gravitacionales. Las ondas-G Alfa serían pulsadas a o cerca de 180 grados fuera de fase a las ondas-G Beta para interferir y reducir la aceleración gravitacional del planeta, o de otro cuerpo de masa más pesado, para producir levitación del fantástico coche eléctrico volador. El movimiento en la dirección hacia adelante, hacia atrás, o lateral, se lograría orientando los proyectores de dirección hacia adelante, hacia atrás, o hacia cada lado, creando una distorsión espaciotemporal en la dirección del movimiento. La distorsión espaciotemporal, o deformación, crea un diferencial gravitacional que impulsa el coche eléctrico volador en la dirección prevista. El frenado se lograría mediante la atenuación, o la inversión, de la distorsión espaciotemporal, si sólo hay distorsión espaciotemporal hacia abajo, o sea hacia la Tierra, el coche eléctrico volador se detendría y levitaría, y posiblemente giraría lentamente, en su lugar de flotabilidad.

La pregunta retórica restante del Sr. Tesla sería: ¿cómo podría fabricarse este material Ununpentio en grandes cantidades para ser un isótopo estable de ganancia lenta para nuestro proyecto hipotético? Implacable como siempre, el Sr. Tesla probablemente diría en broma sana "con suerte, otras personas brillantes están trabajando en el problema."

§ 5. Experimentando los efectos de un campo gravitacional.

Consideremos la llama de un encendedor Zippo que se encuentra en un campo gravitacional a pequeña escala que está incrustado en un campo gravitacional a gran escala, como el campo gravitacional de la Tierra. A medida que las ondas espaciotemporales del pequeño campo gravitacional, el campo Alfa, emanan de su fuente, las dimensiones temporales se contraerían y las dimensiones espaciales se extenderían, iguales y opuestas a las ondas espaciotemporales del campo gravitacional a gran escala, o campo Beta. Por lo tanto, cualquiera de las ondas espaciotemporales que emanan cerca del encendedor Zippo interfieren y cancelan con cada onda espaciotemporal del campo Beta. Cada una de las ondas fotónicas que emanan de la fuente de luz surfea en su correspondiente onda espaciotemporal, por lo que la onda fotónica se convierte en una onda fotónica estacionaria de seis dimensiones. Un observador cercano en el campo Beta, que observa la llama de un encendedor Zippo en el campo Alfa, observaría lo que parece ser una imagen aún tridimensional de un encendedor Zippo con una llama que nunca ondea. Si se interrumpiera el campo Alfa, el encendedor Zippo y la llama ondeando aparecerían normal otra vez a un observador en el campo Beta gravitacional a gran escala.

Imaginemos ahora que la sobrina favorita de alguien ha invitado a sus familiares a su piscina en forma de riñón, que tiene dos chorros de agua, uno en el extremo profundo y otro en el extremo poco profundo, para circular el agua en sentido antihorario y cualquier posible escombro flotante en la desnatadora. Hay varios tipos diferentes de pelotas de playa flotando en el agua de la piscina que se mueven desde la corriente de chorro de agua más fuerte hacia la corriente de chorro de agua más débil. Las ondas de agua más fuertes superan las ondas de agua más débiles a grandes distancias, las ondas de agua y las ondas gravitacionales siguen los mismos principios. Si un observador cerca del chorro de agua más débil colocara su mano en el chorro de agua a medida que la mano se acerca a la fuente de agua, la fuerza que se opone al movimiento de la mano crecería en fuerza a una presión máxima que sería muy difícil de superar. A medida que las manos del observador, o el cuerpo del observador, se mueven más lejos del chorro de agua más débil, el observador comienza a experimentar las ondas más fuertes del chorro de agua desde el extremo profundo y menos las ondas más débiles del chorro de agua desde el extremo poco profundo de la piscina.

En consecuencia, si fuera posible que un observador en un campo gravitacional a gran escala, un campo Beta, moviera sus manos alrededor y más cerca de un campo gravitacional a pequeña escala, un campo Alfa, incrustado en el campo Beta, la fuerza opuesta del campo Alfa se haría extremadamente difícil de contrarrestar por las manos del observador. Además, si el observador lanzara una pelota de béisbol hacia la fuente del campo gravitacional Alfa, la pelota se acercaría al campo Alfa hasta un punto en el que su fuerza cinética equivaldría a la fuerza del campo, acercándose más al campo Alfa, sólo para ser propulsada a través del espacio-tiempo por la creciente fuerza del campo contrario en una dirección opuesta.

§ 6. El efecto sobre un corpúsculo de energía pura después de alcanzar y exceder la velocidad de la luz.

Imaginemos que un cuerpo físico o metafísico de energía es capaz de alcanzar la velocidad de la luz viajando más a través del espacio y menos a través del tiempo en el espacio-tiempo isotrópico y homogéneo en la dirección de la onda espaciotemporal retrasada. Si un observador imaginario fuera capaz de pilotar tal corpúsculo de energía, la imagen cósmica inicial vista por el observador de una hermosa nebulosa roja cambiaría, a medida que el cuerpo se acelera hacia la velocidad de la luz, en una imagen de los rayos de luz, de tal nebulosa, extendiéndose por separado a medida que pasan. A medida que el corpúsculo alcanza la velocidad de la luz, puede considerarse un taquión con masa imaginaria.

Si un cuerpo de energía consiste en quanta de energía de su masa imaginaria, cada cuántico de energía se ralentizará con el tiempo hasta que cada cuántico alcance la velocidad de la luz y deje de moverse a través del tiempo, mientras continúa moviéndose a la velocidad de la luz a través del espacio. Sin embargo, si hay energía de impulso lineal adicional en cada cuántico de energía de cada corpúsculo, el cuerpo puede invertir la dirección y viajar en la dirección de la onda espaciotemporal avanzada donde utilizaría la energía de impulso restante para retractar su trayectoria anterior si sigue el mismo camino de regreso a su punto de partida.

La quanta líder de la energía puede experimentar una reorganización de su quanta como una imagen de espejo de su corpúsculo a medida que cada cuántica viaja en la onda espaciotemporal avanzada en la dirección de su punto de partida. La disposición de la quanta de energía del corpúsculo seguiría siendo la misma en la dirección opuesta del viaje. Como si un fotón fuera reflejado por un espejo ideal. Este cambio direccional también puede ser un cambio dimensional mientras retrocede en el tiempo a una velocidad mayor que la velocidad de la luz desde la perspectiva de un observador en un marco inercial de referencia viajando mucho más lento que la luz en la dirección anterior del cuerpo en la onda espaciotemporal retrasada.

§ 7. ¿Cuál es el efecto de campo de un motor de distorsión sobre una superficie metálica?

Hoy en día, hay científicos trabajando en cómo diseñar un motor de distorsión para una nave espacial. Un campo de fuerza es un componente clave de un motor de distorsión. No hace mucho, un motor de distorsión era un elemento básico de la ciencia ficción. Si esta fantástica tecnología existiera, ¿cuál sería el efecto del campo de un motor de distorsión sobre una superficie de acero?

La estructura de un metal sólido consiste en un arreglo regular de iones metálicos estrechamente empacados para formar una estructura de celosía. Los electrones de valencia que rodean el núcleo se mueven constantemente, lo que hace que el metal sea un buen conductor eléctrico. Los electrones de los átomos metálicos dejan la capa exterior para formar una nube de electrones deslocalizados. Los electrones deslocalizados y fluidos permiten que el metal se doble sin romperse. Hay varias estructuras cristalinas de metales, algunas son cúbicas o hexagonales. Los átomos de un metal están ordenados en capas. Si se aplica un campo de fuerza a esas capas, las capas pueden deslizarse una sobre la otra o doblarse, dependiendo de la fuerza del material.

El módulo elástico de un material es una propiedad fundamental de cada material que depende de la temperatura y la presión. Es la rigidez de un material o la facilidad con la que se doblaría o se estiraría bajo estrés. Incluso a una temperatura exterior específica, es posible aplicar suficiente presión sobre el acero, ya sea fuerza de tensión o fuerza de tracción por unidad de área, para doblarlo o estirarlo. Para una cierta cantidad de fuerza de tensión, la deformación producida en caucho es mayor que la deformación producida en acero. Un acero muy resistente puede doblarse o estirarse y volver a su forma original, a menos que esté estresado o tirado más allá de su punto de rendimiento, su punto de no recuperación. Es posible doblar el acero usando una antorcha para calentar y suavizar el metal que arruinaría cualquier pintura en el acero. Por lo tanto, según el módulo elástico de acero, es posible deducir que el acero tiene mayor elasticidad que el caucho, pero una fuerza de magnitud significativa puede deformarlo permanentemente a una temperatura ambiente.

A medida que el espacio-tiempo alrededor de una superficie de acero es deformado por un campo de fuerza en el campo gravitacional de la Tierra, un campo gravitacional Beta, el espacio de pleno de las estructuras atómicas de acero también es curvo, y pudiera resultar un campo gravitacional contrario y alterno, o un campo Alfa. Cualquier objeto dentro del campo gravitacional Alfa puede sentir la parte alterna del campo de fuerza general hasta cierto punto. Si el campo gravitacional Alfa supera el punto de rendimiento de la superficie de acero en una dirección ascendente o descendente, la superficie de acero puede deformarse de forma ondulada en la dirección de propagación de la fuente del campo gravitacional Alfa. Si la superficie de acero se mueve paralela a la fuente del campo gravitacional Alfa, la deformación ondulada sería rápida y muy fuerte, así como cualquier otro efecto espaciotemporal a través de la región de movimiento. La deformación ondulada de la superficie de acero se asemejaría a la ondulación del campo de fuerza. La estructura atómica del acero sería tirada y estirada, o empujada y compactada, más allá del punto de rendimiento del material dependiendo de la posición de la fuente del campo de fuerza con respecto a la orientación de la superficie.

La mayoría de los vehículos de pasajeros, o automóviles en las décadas de 1940 y 1950, diseñados para la producción en masa estaban hechos de acero o aluminio. El acero era más económico que el aluminio. El aluminio es más liviano que el acero y no se oxida. Los coches de lujo caros o los coches de alto rendimiento estaban hechos de aluminio. El acero sigue siendo un componente importante en los vehículos de pasajeros, pero en la década de 1940, la carrocería casi completa y el chasis del vehículo estaban hechos de acero por unidad. Los vehículos de pasajeros se hicieron más resistentes, pesados y menos eficientes en el consumo de combustible.

Los vehículos de pasajeros de la época también fueron diseñados con cierto atractivo ingenioso como una serie de características decorativas que rara vez se ven en los vehículos actuales. Estas características incluían los aspectos destacados de cromo y los paneles de madera.

El plástico o la fibra de carbono se utilizan con más frecuencia en la fabricación en serie de vehículos modernos de pasajeros. Estos materiales proporcionan un cuerpo más liviano, una mejor eficiencia de combustible y de reciclaje cuando los vehículos llegan al final de su ciclo de vida. El plástico también es más fácil de trabajar y reparar a un menor costo. La fibra de carbono es muy ligera y fuerte, pero muy cara. Se utiliza principalmente en los vehículos de alto rendimiento.

Imaginemos lo que le pasará a un automóvil de la década de 1940 si el conductor se encuentra con algo inexplicable como el efecto espaciotemporal cercano de un motor de distorsión. Durante su juventud Vanessa Quintus, la madre de Victoria, conducía en una vía de 64 a 72 kilómetros por hora (40 - 45 millas por hora), en el carril central, a lo largo de la nueva autopista M-30 en 1974 cuando su coche clásico americano, un Ford Super De lujo Cupé de color negro, importado, y renovado, del año 1947, se tambaleó de repente hacia la derecha sin razón aparente, y el vidrio del parabrisas se empezó a romper gradualmente. Vanessa no vio ningún coche a la vista a esa hora de la noche, una noche sin luna, de un día laborable en la autopista recién inaugurada. La autopista orbital M-30 rodea los distritos centrales de Madrid. La autopista es una circunvalación de la capital española, con una longitud de 32,5 km (20 millas). No vio a ningún peatón o ningún animal cerca del coche mientras conducía por la autopista. Después del tambaleo, se detuvo inmediatamente hacia un lado, dejó su coche funcionando con las luces encendidas para que otros coches pudieran verlo, y se bajó, llevándose la sorpresa de su vida por la aparición de lo que vio en el lado izquierdo de su coche.

A pesar de que ella era la única conductora en ese tramo de la carretera a esa hora de la noche, ella oyó y sintió golpes fuertes sobre su coche, como si una fuerza increíble estuviera embistiendo su coche fuera del carril central de esa carretera. En un momento dado, el golpetazo fue tan fuerte que desvió su coche hasta el carril derecho. Pero los golpes se detuvieron tan repentinamente como habían empezado. No había ni un solo rastro de otro vehículo en las superficies abolladas que podrían haber ocurrido si el coche hubiera sido empujado físicamente.

Después de que se ubicó, Vanessa apago el coche y llamó a su esposo desde un teléfono público cercano para que la llevara a la estación de policía más cercana para llenar un informe de accidente y que el auto fuera remolcado a las autoridades. El investigador policial asignado al caso no pudo proporcionar una explicación aceptable para los daños tan extraños en uno de los lados del coche. El investigador policial señaló que no había arañazos en la pintura, sangre, plumas o pelos de animales, ni evidencia, en la zona dañada del automóvil. La zona parecía estar ondulada como si el acero de la carrocería del coche se hubiera derretido por una ráfaga de calor muy intensa, o algún tipo de campo de fuerza, pero no estaba quemado de ninguna manera. Todo el lado izquierdo del coche estaba retorcido, pero sin despegar la pintura en lo absoluto. El marco del parabrisas estaba lo suficientemente torcido para ejercer suficiente presión y romper el vidrio, pero nada había golpeado el parabrisas.

Ni la policía ni su marido pudieron encontrar una explicación de cómo podrían haber ocurrido los daños muy extensos. ¿Cómo fue posible? Vanessa sintió un empuje en el lado izquierdo de su coche que hizo que el coche cambiara de carril hacia la derecha, y una vibración como si el coche fuera sacudido o levantado de la carretera. Ella sostuvo el volante firmemente, no se desvió del carril, y ganó el control rápidamente. Luego, salió y vio varias grandes abolladuras onduladas, algunas eran más grandes y profundas que otras, como una onda. Varias partes de la carrocería del coche como el borde cromado del lente del faro, el lado izquierdo del capó del coche, el guardabarros izquierdo, el lado izquierdo del techo del coche, el marco del parabrisas, se fundieron y se ondularon. Pero no había coches alrededor antes o después del golpe y tampoco había arañazos en la pintura del coche de otros coches. ¿Qué fuerza invisible podría hacer esto? ¿Por qué estaba todo ondulado?

Era un coche americano con una carrocería o chasis hecho de acero por unidad con un peso en vacío de 1465 kg (3230 lbs.). Ese Ford fue hecho para que dure, durante una época en que un coche no tenía típicamente piezas de plástico o fibra de carbono en la carrocería. Su marido había vivido en los Estados Unidos de América y amaba los coches clásicos estadounidenses. Sus amigos Estadounidenses solían bromear con él y reírse de que podía tener un Ford en cualquier color que quisiera siempre y cuando fuera de color negro. El coche tenía un motor de hierro fundido, un V8 Cabeza- L plana de 239/100 CF, una transmisión manual de 3 velocidades, un interior corinto, con todas sus partes originales, todo el interior casi nuevo, el motor completamente reconstruido, las molduras de guarnición cromadas, la pintura absolutamente inmaculada, que fue propiedad anterior de un diplomático de alto rango en la embajada de Estados Unidos en Madrid que había sido reasignado por el gobierno de Estados Unidos de América a la embajada de otro país.

El investigador policial les dijo que se había enterado de un incidente muy extraño que ocurrió en el norte de España, donde una bola de luz que sobrevolaba una carretera rural había chocado con un coche patrulla de la policía.

Alrededor de las 2 a.m., a principios de la década de 1970, el policía José M. de los Santos, patrullaba nocturnamente por un tramo rural de la carretera nacional N-120, conocida como Estrada Logroño Vigo, cerca de Monforte de Lemos, en la provincia de Galicia, cuando chocó con una bola de luz blanca. La N-120 es una carretera nacional que conecta las ciudades de Logroño y Vigo, terminando en el puerto de este último en el noreste de España.

José notó una luz muy brillante, o un glóbulo de energía, de 20 a 30 centímetros (8 a 12 pulgadas) de diámetro, flotando a un metro o a un metro y medio (3 a 4 pies) del suelo, como escribió en su informe de incidentes y más tarde explicó a un reportero local durante una entrevista. El contorno del glóbulo de energía estaba muy bien definido y no era un rayo globular. Era una noche despejada y calurosa sin tormentas eléctricas ni lluvia. José había investigado el rayo globular y lo que el vio no estaba de acuerdo con la descripción hipotética asociada con el rayo globular. Los rayos globulares no se han demostrado ni duplicado satisfactoriamente hasta la actualidad en un laboratorio, para mostrar que los rayos globulares pueden flotar en su lugar sobre el suelo durante largos períodos de tiempo, de minutos a horas, sin descargarse en la atmósfera en cuestión de segundos o sin explotar en el aire. Aunque los rayos globulares se han asociado generalmente con las tormentas eléctricas. Algunos informes describen rayos globulares que eventualmente explotan y dejan atrás un olor a azufre.

El oficial José M. de los Santos se dirigió hacia el glóbulo de energía para investigar y se despertó en una zanja media hora más tarde con algunas quemaduras leves alrededor de sus ojos. El parabrisas y uno de los faros de su Seat 1500 del 1970 fueron quebrados. La antena del radio de su coche de policía estaba fuertemente doblada hacia atrás, y su reloj de pulsera y el reloj en el tablero de instrumentos iban 15 minutos más lentos. José se aseguraba diariamente de que su reloj de pulsera y el reloj en el tablero de instrumentos estaban de acuerdo con el reloj muy preciso en la comisaría. Era importante para él ser preciso en sus informes y mantener su propio itinerario de trabajo. Algo había hecho que el tiempo se dilatase por 15 minutos. ¿Qué podría ser eso? ¿Serían capaces los rayos globulares de ralentizar el paso del tiempo?

Vanessa estaba muy intrigada por la historia del policía y sentía consternación por su propia experiencia. Poco sabía en ese momento que muchos años más tarde su hija Victoria sabría más, a través de su trabajo, sobre la posible fuente del campo de fuerza misterioso que golpeó y onduló partes de la carrocería de su coche.

§ 8. *¿Es la tecnología para un motor de distorsión o un hipermotor de distorsión real o ciencia ficción?*

114

Imaginemos el viaje de ciencia ficción de una escritora ficticia y talentosa, Victoria Quintus, a través del Kalakoayan Azteca (la puerta estelar en náhuatl, el idioma de los aztecas) en un reino fantástico donde existe la tecnología avanzada para viajar a través de la inmensidad de nuestro universo, y a través de la profundidad del tiempo. Primero describamos a Victoria y sus antecedentes. Victoria nació en la hermosa ciudad de Madrid, en España, donde estudió en una escuela católica privada para niñas y se graduó con "Honoris Causa" de la renombrada Universidad Complutense de Madrid, donde estudió física, ingeniería y administración de empresas.

Victoria trabajó para varias empresas en las áreas de ingeniería, diseño, y comunicaciones de marketing, convirtiéndose en una ejecutiva exitosa sin tiempo para escribir o dibujar, no haciendo todas esas cosas que le gustaban, pero como el destino lo tendría, su empresa fue vendida a una empresa multinacional. Comenzó a trabajar en el área de las comunicaciones y a hacer lo que más le gustaba, escribiendo libros y contando historias de ciencia ficción para todas las edades. ¡Finalmente! El destino la guio hacia lo que más le gusta hacer y donde su gran talento ha florecido.

Victoria ha escrito una de las mayores aventuras juveniles de los últimos años, La Kalakoayan Azteca, una serie de historias fantásticas que comienzan dentro del género fantástico aunque la serie termina llegando a la ciencia ficción en el último volumen. Ella siempre tiene en sus novelas un ingrediente fantástico, pero también ha escrito aventuras que son puramente realistas. Hay muchos personajes, lugares, y frases en la trama de sus libros que la gente piensa que son inventadas pero en realidad son reales. Sin saberlo sus lectores, Victoria ha estado trabajando como directora de proyectos en uno de los proyectos tecnológicamente más avanzados para una firma de capital privado que trabaja para un consorcio internacional de naciones, gracias a su amplia experiencia en la física y la ingeniería.

Por lo tanto, imaginemos nuestra narrativa de ciencia ficción con el ingrediente de Victoria de que a pesar de que los personajes o escenarios pueden ser inventados, otras partes de la historia pueden ser reales.

El Secretario General de las Naciones Unidas recibió una

transmisión sorprendente desde el espacio profundo, que solicitó una reunión con un destacado científico de la Tierra sobre un intercambio muy importante de información para nuestro planeta. El remitente desconocido se refiere a un proyecto internacional altamente clasificado en la tierra llamado "La Puerta Estelar Azteca" como la razón principal de la reunión con la científica y directora principal del proyecto, la muy talentosa escritora de ciencia ficción Victoria Quintus, a quien fueron capaces de identificar a través de su avanzada tecnología de espionaje, para una fecha, ubicación, y tiempo específicos en la tierra. Las Naciones Unidas se pusieron inmediatamente en contacto con el director del proyecto para organizar la reunión en secreto total. Se fijó una fecha y hora para que la ubicación deseada en la tierra para que Victoria se reuniera con el representante extraterrestre designado. Las autoridades estarían monitoreando la reunión desde lejos y fisgoneando a través del teléfono inteligente de última generación de Victoria.

Cuando Victoria entra por la puerta estelar azteca, al instante se encuentra en otro reino, es un paisaje desértico lleno de artemisa, los arbustos aromáticos de tallo estriado y flores verdes y amarillentas que son nativos del oeste de América del Norte. Ha aterrizado en la región desértica designada en el norte de México, a pocos kilómetros al sur de la frontera con los Estados Unidos de América. No muy lejos de la puerta estelar, ve lo que parece ser un disco metálico brillante, parece una nave espacial con una abertura o puerta a su lado. A medida que se acerca a la nave espacial con curiosidad, escucha el zumbido de la puerta estelar regresando a su base, su ubicación de partida en la Tierra. Ella se da la vuelta y echa un vistazo a la puerta estelar según desaparece. La puerta estelar está lista para regresar después de un período específico de tiempo que sólo es conocido por Victoria.

Mientras Victoria camina más cerca de la nave espacial, una mujer joven se baja del vehículo y la saluda en un lenguaje incomprensible y desconocido, pero poco después de ajustar su auricular, la mujer habla de nuevo, y Victoria puede ahora entenderla perfectamente.

– La mujer le dice en una voz electrónica: "Mi nombre es Estrella y me han enviado a hablar con Usted sobre nuestra tecnología tal como lo solicitan mis superiores, ya que su puerta estelar tiene una gama de operación muy limitada y pudiera ser muy peligrosa. Mis superiores han decidido proporcionarles nuestra tecnología más segura para viajes espaciales".

- Después de esas palabras, Victoria se quedó pensativa en su posición, y luego preguntó, ¿por qué hacen esto?

- Porque hemos investigado su puerta estelar y hemos llegado a la conclusión de que su puerta estelar es inestable y emite radiación gravitacional peligrosa que interfiere con nuestra tecnología implosiva de viajes por el hiperespacio y también con la tecnología de otras civilizaciones cercanas en nuestra federación galáctica. Además, afecta la estabilidad del núcleo planetario de la misma Tierra. Similar, pero mayor, al efecto de las armas termonucleares masivas donde una implosión crea una explosión.

- Victoria dijo cuidadosamente en una manera que no fuera desagradecida: "Aprecio sus buenas intenciones, pero necesitaría saber más antes de poder proceder de mi lado para detener el proyecto de transporte más avanzado e importante que actualmente tenemos en desarrollo".

- Sí, lo entiendo. Comenzaré describiendo la tecnología de nuestra nave espacial para viajar a través del hiperespacio, y también grabaré nuestra conversación y le proporcionaré una transcripción.

- Vamos a caminar alrededor del vehículo mientras explico la tecnología. Una nave espacial avanzada necesita utilizar una combinación de sistemas de motores de distorsión espaciotemporal para viajar hasta y más allá de la velocidad luminal. El motor de distorsión espaciotemporal primario sería el sistema de propulsión para alcanzar la velocidad luminal, y un hipermotor de distorsión espaciotemporal secundario, para saltar al hiperespacio, o al tiempo nulo, para viajes súper luminales. Al comienzo del viaje, la nave espacial aceleraría hasta la velocidad luminal, protegida por varios campos de fuerza como una seguridad redundante, para evitar daños a la tripulación o cualquier daño a la integridad de la armazón de la nave. Antes de la velocidad luminal, los campos de fuerza pueden reducirse para permitir la dilatación completa o la contracción de masa y del espacio-tiempo. La dilatación relativista completa del espacio-tiempo-masa sería necesaria para iniciar el salto de la nave espacial al hiperespacio. A partir de investigaciones teóricas anteriores, la masa y el tiempo se dilatan de una manera relativista a medida que la nave espacial viaja a través del espacio-tiempo, luego cerca de la barrera de la luz, la nave espacial salta al hiperespacio o al tiempo nulo, donde la masa dilatada se condensa en una masa de descanso, el espacio se contrae, y el tiempo se condensa al tiempo nulo. A medida que los sistemas de masa en la nave espacial se condensan, la frecuencia de la onda de cada partícula, u objeto macroscópico, aumenta, y otras propiedades de onda cambian, durante el salto hiperespacio.

- La mayor parte del tiempo de viaje se dedicaría a llevar la nave espacial a una velocidad luminal, y después de un salto al hiperespacio, ralentizándola a una velocidad de crucero sub-luminal a una distancia segura del destino final.
- Haga cualquier pregunta que le gustaría acerca de la nave espacial.
- ¿Puede ser más específica sobre los motores de distorsión espaciotemporal primario y secundario? Preguntó Victoria.
- Sí, por favor entremos en el vehículo.

Ambas mujeres entraron en el vehículo a través de la estrecha puerta lateral.

- Responderé a su pregunta. El motor primario de distorsión espaciotemporal puede ser lo que se llamaría un motor de distorsión de Alcubierre, según la información disponible en el internet terrestre, que sería capaz de modular el espacio-tiempo creando una distorsión a su alrededor para flotar, o delante de la nave espacial, o en cualquier otra dirección de propagación, con un campo gravitacional Alfa desde un reactor de metal pobre y pesado. El hipermotor secundario de distorsión espaciotemporal puede ser un motor de distorsión espaciotemporal de campo bosónico que consistiría en múltiples bobinas de fibra óptica alrededor de la geometría de la nave espacial que podrían funcionar en tándem para equilibrar, ayudar, o contrarrestar, las fuerzas desequilibradas alrededor del vehículo. El motor de distorsión de campo bosónico pueden producir suficiente aceleración gravitacional dentro de la nave espacial utilizando guías de onda y resonadores, y en el exterior de la armazón de la nave para amortiguar o cancelar la inercia durante la aceleración o desaceleración rápida. La tripulación de la nave espacial puede utilizar trajes espaciales que incluyen un campo de fuerza para una seguridad redundante.

- La tecnología del motor primario de distorsión espaciotemporal puede considerarse una tecnología implosiva. El reactor de metal pobre y pesado transmuta continuamente las masas y los campos gravitacionales de estructuras atómicas implosionadas que producen radiación y un campo Alfa de ondas gravitacionales que se emitirán a través de la parte inferior de la nave espacial para crear la distorsión espaciotemporal necesaria en el campo gravitacional Beta, o en el espacio libre, alrededor de la nave espacial o a través de un tubo sintonizado, en la parte superior del vehículo. A medida que se emite el campo Alfa, se guía a través del tubo afinado hasta y sobre la cúpula blindada del reactor como escudo gravitacional y se distribuye a través de las guías de ondas de pared a través de la nave espacial y a través del suelo de la cabina para proporcionar un campo gravitacional estable para la tripulación. La radiación y el calor se pueden convertir a corriente para sistemas eléctricos a bordo.
- ¿Qué pasa con la construcción de la armazón y el sistema de comunicación? Preguntó Victoria.
- Los sistemas de construcción y comunicación de la armazón también son tecnologías cruciales, como le explicaré a continuación.
- La nave espacial necesitaría tener una armazón que esté hecha de una aleación metálica conductora, con plata o cobre, y debe ser muy resistente a la corrosión ambiental, el óxido y la oxidación, como el níquel o el oro. La nave espacial puede imprimirse utilizando una tecnología avanzada de impresión de metales fundidos, o una fabricación por un proceso de moldeo por inyección, para una resistencia mayor del material de aleación, un menor costo y una mejor uniformidad sin costuras, defectos o soldadura. La nave espacial puede utilizar ventanas de paneles que pueden actuar como ventanas transparentes o sensores para el entorno exterior, para proteger a la tripulación de atmósferas tóxicas o entornos peligrosos, y proporcionar un acceso o salida segura desde el vehículo y sus compartimentos.
- La armazón exterior de la nave espacial es simétrica en gran medida con un diseño aerodinámico para viajar en la atmósfera de los cuerpos celestes. El campo de fuerza alrededor de la geometría de la nave espacial crea un desplazamiento espaciotemporal alrededor de la nave espacial que permite que el espacio-tiempo y la atmósfera fluyan alrededor del contorno del vehículo para reducir la inercia y la resistencia aerodinámica. Por

lo tanto, la tripulación sólo siente la aceleración gravitacional del campo Alfa del motor de distorsión espaciotemporal primario, pero siente muy poco efecto gravitacional del campo Beta del cuerpo celeste. Las ondas espaciotemporales del campo Beta no se expandirían ni contraerían contra la superficie del vehículo ni ningún sistema de masa relacionado con el vehículo. La nave espacial crearía su propio efecto gravitacional. Las ondas gravitacionales alrededor de la nave espacial pueden afectar la línea de visión alrededor del vehículo, ya que las imágenes pueden distorsionarse por la curvatura espaciotemporal. Un observador mirando directamente hacia arriba en la dirección del fondo de la nave espacial sólo pudiera ver lo que está por encima de la nave.

– A medida que una nave espacial flota en la atmósfera de un cuerpo celeste que tiene un campo magnético, como la Tierra, el motor de distorsión espaciotemporal primario de la nave puede generar un potencial de alto voltaje que puede ser visible como una descarga de corona azulada en el fondo del vehículo que ondula en el campo magnético externo y variable. La nave espacial está flotando en el espacio-tiempo y deslizándose sobre el campo magnético externo. De investigaciones teóricas anteriores, es importante señalar que el espacio-tiempo tiene un aspecto electromagnético, y viceversa.

– Los sistemas de comunicación hiperespacial entre naves espaciales pueden lograrse mediante la modulación de la frecuencia de un solo taquión a medida que el taquión se mueve a través del tiempo nulo para la transmisión instantánea y la recepción de una corriente de taquiones individuales. La modulación de la frecuencia taquiónica puede codificar información en ilimitados taquiones individuales de una frecuencia específica, según sea necesario. La transmisión puede iniciarse durante la modulación espaciotemporal de un proceso específico de dilatación espacio-tiempo-masa a través del heterodino hiperespacial entre puntos dimensionales distantes para entregar una señal a una frecuencia mucho menor. La señal taquiónica se decodifica al mensaje original en el receptor. Un sistema de comunicación taquiónica puede multiplexar la transmisión simultánea de varios mensajes a lo largo de un solo canal taquiónico de comunicación entre naves espaciales. Las comunicaciones con los taquiones pueden abrir un nuevo medio de investigación y aplicaciones en las comunicaciones ópticas hiperespaciales profundas, de rayos láser de un solo taquión para rango, así como probar los principios fundamentales de la física taquiónica en el hiperespacio para naves espaciales. Algunos de nuestras computadoras u ordenadores funcionan con una tecnología de modulación de frecuencia similar donde los circuitos informáticos y sus elementos pueden reconfigurarse, o reorganizarse a través de vibraciones resonantes y nanotecnología, según lo requerido por la frecuencia de una señal fundamental, para operaciones funcionales estables y distintas.

- ¿Puede Usted explicar más sobre el hipermotor de distorsión espaciotemporal secundario? Preguntó Victoria.
- "Sí, te daré más información." Estrella respondió, mientras ambas mujeres caminaban cerca del hipermotor de distorsión espaciotemporal secundario.
- El hipermotor de distorsión espaciotemporal secundario, se activa para los viajes superluminales a medida que se reducen los campos de fuerza de la nave espacial para permitir que todo el efecto de la contracción o dilatación del espacio-tiempo-masa salte al hiperespacio. En ese momento, la masa y el tiempo dilatados se expanden, el espacio contraído se extiende, en todas las direcciones sobre la geometría de la nave espacial, todavía ejerciendo un efecto gravitacional en los sistemas de masa, en un período de tiempo insignificante o en un tiempo nulo. Lo que plantea la pregunta; ¿cómo afectaría este proceso a la salud y al bienestar de la tripulación? A medida que el espacio-tiempo-masa se contrae o se dilata, la nave espacial viaja a un lugar distante al instante, para iniciar la desaceleración desde la velocidad superluminal, lo que lleva al vehículo de vuelta a una velocidad sub-luminal en el espacio-tiempo a una distancia segura del destino final. Los viajes hiperespaciales pueden visualizarse como el deslizamiento de un sistema de masa, en este caso, una nave espacial u objetos materiales, a través de las dimensiones espaciotemporales de los tubos del mundo de cada objeto viajero, ya que el medio hiperespacial permanece estático durante un tiempo nulo. En consecuencia, la tripulación de la nave espacial no sentiría ningún cambio en el efecto gravitacional del campo Alfa durante el tiempo nulo de los viajes hiperespaciales.
- El proceso casi atemporal de los viajes hiperespaciales debe ser extremadamente preciso para evitar viajar a través del tiempo en

el pasado en lugar de viajar a través del espacio a un lugar distante. El proceso de viaje en el tiempo es similar, pero puede conducir a realidades alternativas, u otras consecuencias o percances desafiantes para la nave espacial y la tripulación. El paso del tiempo se sigue midiendo en el reloj de la ubicación de salida, mientras que el reloj en el tiempo nulo está en el tic-tac-cero, permitiendo que la distancia temporal, entre la ubicación de la salida y la nave espacial, pase rápidamente en períodos de tiempo muy largos. Perderse en el hiperespacio es perderse en el tiempo. Es posible que algunas civilizaciones en nuestro universo hayan sido iniciadas por viajeros hiperespaciales que han sido desacertados en el tiempo por su tecnología de estimación.

- Durante los viajes hiperespaciales, el tiempo y el espacio se contrabalancean, la fuerza espacial compensa la fuerza temporal divergente y recíproca, lo que resulta en un tiempo nulo. Por lo tanto, viajar en el tiempo es en esencia viajar a través del espacio para compensar la divergencia del espacio con el tiempo. Es una forma de viaje a través del espacio estático y el tiempo nulo debido al diferencial de presión espaciotemporal entre el punto de salida y el punto de destino en el hiperespacio. El reloj de la nave espacial no marca el tac ya que el reloj se mueve por el diferencial de presión a través del intervalo inter-dimensional a una velocidad indeterminada. Es el flujo espaciotemporal sobre el contorno de la nave espacial, o los sistemas de masa, lo que proporciona el desplazamiento espacial, mientras que el espacio no es divergente, o el tiempo no está pasando. El reloj a bordo hace su tic en el punto de salida y hace su tac en el punto de destino. Esta es una forma de viaje inter-dimensional entre dos puntos dimensionales, entre conos de luz separados, no relacionados en el mismo universo, a través del hiperespacio. Por lo tanto, podemos considerar el hiperespacio como el espacio-tiempo entre conos de luz no relacionados independientemente de la separación espacial. Es interesante señalar que este concepto cambiaría la idea actual de causalidad en la Tierra entre dos objetos distantes en el espacio-tiempo.

Después de salir de la nave espacial, las dos mujeres se pararon lado a lado mientras contemplaban las características externos y el contorno del vehículo.

- ¿Es esta nave espacial capaz de viajar en el tiempo? Preguntó

Victoria.

- Sí, lo es. Déjame explicarte.

- Si la nave espacial viajara al futuro utilizando el hipermotor de distorsión espaciotemporal, entonces la divergencia del espacio y el tiempo puede ser contrarrestada (tiempo nulo) dentro del dominio del campo Alfa, mientras que fuera del dominio del campo Alfa, el espacio diverge significativamente más, y el tiempo pasa. Sin embargo, si la nave espacial estuviera cerca del horizonte de evento de un agujero negro, a una distancia segura, es posible que el espacio divergiera ligeramente y que el tiempo pasara lentamente, mientras que lejos de esa región el espacio diverge, y el tiempo pasa notablemente más. A medida que pasa el tiempo alrededor de la nave espacial y la tripulación, todos los sistemas de masas que viajen al futuro experimentan dilatación del tiempo en el reloj a bordo en comparación con un reloj de referencia en un marco inercial de referencia a una distancia significativa del horizonte del evento. El futuro puede describirse como el entrelazo fluido de los objetos y la evolución de los acontecimientos actuales de aquellos objetos que persisten en la realidad de un observador.

- La modulación espaciotemporal del efecto de dilatación de masa por el hipermotor de distorsión espaciotemporal, antes o después de saltar al hiperespacio, permite a la nave espacial ajustar la divergencia espacial a una velocidad de flujo deseada. En cierto sentido, el campo Alfa modula el flujo del diferencial de presión del hiperespacio sobre la nave espacial y los sistemas de masa. El reloj a bordo se vuelve relativista según el ajuste. Si fuera posible ajustar el hipermotor de distorsión espaciotemporal para detener el flujo hiperespacial, la nave espacial puede permanecer en un tiempo nulo durante una cantidad indeterminada de tiempo. El espacio-tiempo es infinito y eterno, con infinitos inter-espacios en la dirección de las ondas avanzadas o retrasadas. La divergencia espacial o la convergencia es trascendental y fractal. Este es el resultado del número infinito de probables ondas y frecuencias espaciotemporales que forman nuestra realidad. Un número infinito de armónicas que se suman a la onda fundamental de la realidad. ¡Todo es un asunto de ondas!

- Espero haber respondido con precisión a sus preguntas sobre nuestra tecnología de viajes. También estamos dispuestos a ayudarle a desarrollar y construir una tecnología segura de transporte hiperespacial.

- Sí, lo has hecho. ¡Gracias! pero estoy segura de que habrá más preguntas.

Mientras Victoria estaba allí internalizando todos los detalles que Estrella le había dado, no pudo dejar de pensar en las palabras que admiraba del talentoso escritor y teólogo C.S. Lewis, "el futuro es algo que todo el mundo alcanza a razón de sesenta minutos por hora, haga lo que haga, quienquiera que sea. El pasado está congelado y ya no fluye, y el presente está todo iluminado con rayos eternos. Las penurias a menudo preparan a la gente común para un destino extraordinario."

Estrella asintió con la cabeza y sonrió, sabiendo que Victoria estaba satisfecha con su presentación y propuesta. Las dos mujeres acordaron una reunión de seguimiento para discutir más detalles sobre la transferencia de tecnología. Después de despedirse, Estrella entró en la nave espacial que poco a poco se elevó hacia su encuentro con su nave nodriza en un lugar preestablecido en el espacio cerca de la Tierra.

De camino al lugar de aterrizaje de la puerta estelar, Victoria preguntó a sus agentes de respaldo si habían escuchado la conversación, y ellos respondieron "negativo, era un lenguaje ininteligible, y la señal se interrumpía continuamente". Victoria respondió: "¡Entendido!" Luego, escuchó el sonido del zumbido familiar de la puerta estelar materializándose a una corta distancia de su posición, en el mismo lugar donde había aterrizado antes y dijo : "Mi transporte ya está aquí. ¡Me tengo que ir! Nos vemos en la base."

Mientras caminaba hacia la puerta estelar, sus pensamientos se volvieron hacia la segunda intención por la que el consorcio internacional de naciones había utilizado la puerta estelar modificada para emitir radiación gravitacional. Habían encontrado una nave espacial, así como una puerta estelar, de origen desconocido, en una excavación arqueológica hace años cerca de las pirámides de Teotihuacan en Méjico, pero los científicos involucrados en la investigación aún no entendían la tecnología avanzada. Fueron capaces de encender la puerta estelar para hacer saltos hiperespaciales de corto alcance, pero no la nave espacial y sus motores de distorsión espaciotemporal. Los poderes fácticos se habían propuesto usar la puerta estelar como una carnada para atraer a los extraterrestres y motivar un encuentro de quinta fase. La estrategia parecía estar funcionando. Los beneficios para la humanidad serían tremendos. Victoria atravesó la puerta estelar como estaba previsto, pero ni la talentosa Victoria, ni la puerta estelar, ni los extraterrestres, volvieron a ser vistos. ¡Engáñame una vez, y sinvergüenza te diría, engáñame por segunda vez, y que vergüenza me daría!

§ 9. ¿Se podría extraer la energía de un agujero blanco teórico?

Los investigadores han confirmado recientemente la teoría de la extracción de energía de un agujero negro. Un agujero negro Kerr-Newman tiene once componentes de energía de masa, impulso lineal y angular, posición y carga eléctrica. Sin embargo, la pregunta sigue siendo si una teoría similar podría usarse en un hipotético agujero blanco. Nada pudiera entrar en un agujero blanco más allá del ektropí de evento externo, ni siquiera la luz. Los agujeros blancos hipotéticos pueden eructar la materia, la partículas o la energía, por lo que se pudiera decir que los agujeros blancos tienen pelo. Por lo tanto, a excepción de las fluctuaciones cuánticas, los agujeros blancos hipotéticos estables pueden ser completamente descritos en cualquier momento en el tiempo por el teorema velludo.

El teorema velludo afirma que todas las soluciones de agujeros blancos de las ecuaciones Einstein-Maxwell de la antigravitación y el electromagnetismo en la Relatividad General no sólo pueden caracterizarse completamente por once componentes clásicos que serían observables externamente relacionados a: la energía de la masa, el impulso lineal y angular, la posición y la carga eléctrica, sino también por otra información que pudiera salir del interior del agujero blanco.

La palabra griega Argos significa ocioso. La Argos-Esfera es la capa más externa del ektropí de evento externo o la desviación de evento externo. En un hipotético agujero blanco Kerr-Newman también habría un ektropí de evento interno. Los límites pueden considerarse como superficies matemáticas, o como los límites de las superficies de los campos físicos que actúan dentro o fuera del agujero blanco Kerr-Newman.

Por consiguiente, ¿podría ser tecnológicamente posible que una civilización avanzada extrajera una cantidad significativa de energía de un hipotético agujero blanco si un objeto de masa o energía que viaja a velocidad relativista de alguna manera cambia la energía rotacional? ¿Cuál sería la aplicación útil de esa tecnología?

¿Sería un hipotético agujero blanco Kerr-Newman sólo instantáneo en lugar de continuo o duradero? ¿Sería estable y duradero un agujero blanco entre nuestro universo y un universo paralelo? No hace tanto tiempo, los agujeros negros como los agujeros blancos eran totalmente teóricos, pero ahora muchos objetos astronómicos reales están asociados con los agujeros negros, y se cree que los agujeros blancos hipotéticos no son observables continuamente, a pesar de que su efecto sólo puede detectarse alrededor del evento en sí. Entonces, es posible hacer las siguientes preguntas retóricas: ¿Qué papel desempeñaría un par de agujeros negro y blanco entre dos universos adyacentes o afín? En tal escenario, un agujero negro puede tener un agujero blanco en el otro extremo que pone en existencia nuevos universos. Un agujero blanco en nuestro universo puede ser la salida de un universo progenitor, un "Pachamama" en la lengua Aimara o Quechua de América del Sur. ¿Podría un agujero blanco ser un regulador de presión espaciotemporal, un iniciador del evento Big Bang, un estabilizador de la energía de la masa o un púlsar de giro rápido? ¿Podrían las ráfagas de los rayos gamma también provenir de los agujeros blancos y no sólo asociadas a las supernovas? ¿Explicarían los agujeros blancos de un universo adyacente por qué se favoreció la materia sobre la antimateria en nuestro universo primigenio?

¿Qué pasa si un agujero blanco es un agujero negro que retrocede en el tiempo en la onda avanzada? ¿Es por eso por lo que percibimos un agujero blanco como lo hacemos y por qué no hemos encontrado ninguno a medida que avanzamos en el tiempo? Un agujero negro avanza en el tiempo en la onda retrasada. El par de agujeros negro y blanco puede ser concéntrico en el espacio-tiempo y puede considerarse una superposición cuántica. En consecuencia, el agujero negro obedece a la segunda ley de la termodinámica en nuestro universo en la dirección de la onda retrasada, mientras que un agujero blanco obedece a la segunda ley inversa de la termodinámica en la dirección de la onda avanzada en el mismo universo. Un puente espaciotemporal inter-dimensional se asemeja a un cono de luz para un par de agujeros negro y blanco. Un cono de luz o una puerta de entrada entre el presente y el pasado o entre universos afín. El tamaño de la garganta de un par de agujeros blanco y negro entre el presente y el pasado sería muy infinitesimal en un instante dado del tiempo. La singularidad sería compartida por el par de agujeros blanco y negro a medida que el par se superpone en cualquier punto espaciotemporal dado en su geometría. La singularidad retrasada consistiría en las partículas y la singularidad avanzada consistiría en las antipartículas. El agujero negro existiría hacia el futuro y el agujero blanco existiría hacia el pasado del mismo universo como está implícito en una de las soluciones a las Ecuaciones de Campo de Einstein de la Relatividad General.

La información de nuestro universo que viaja hacia el futuro del tiempo en la onda retrasada y entra en el agujero negro no se perdería para siempre, sino que la información regresaría a su fuente en la onda avanzada del mismo universo. Nada sería tomado del universo, pero sólo reflejado a su fuente. La entropía del agujero negro aumentaría en la dirección de la onda retrasada y disminuiría en la dirección de la onda avanzada. No habría una paradoja de información de los agujeros negros, sino una hipótesis de rebote de información. La información no tendría que almacenarse en el límite de un agujero negro. Los agujeros negros todavía pueden crecer a través de la acreción de otros agujeros negros. Esto sería la solución a un rompecabezas importante sobre los agujeros negros, que a pesar de que los agujeros negros parecen permanecer en un volumen constante como se ve desde fuera de su horizonte de evento externo, sus interiores no tendrían que seguir creciendo en volumen esencialmente para siempre. La complejidad de un agujero negro se refiere a una medida del número de cálculos que se necesitarían para recuperar el estado cuántico inicial cuando se forma un agujero negro. No habría necesidad de una complejidad creciente dentro del horizonte de evento externo, el volumen interior del agujero negro no tendría que agrandarse continuamente a medida que el espacio se extiende hacia la singularidad.

¿Si se rompiera la barrera de la luz de la onda retrasada, para viajar en la onda avanzada dentro de un par de agujeros negro y blanco en una trayectoria zigzag, resultaría en la realización de un puente espaciotemporal direccional y transitable en nuestro universo? Imaginemos una tecnología avanzada que nos permite viajar más rápido que la luz dentro del horizonte de evento externo de un agujero negro, rompiendo la barrera de la luz en un punto espaciotemporal dado de la onda retrasada, viajando en la dirección de la onda avanzada dentro del ektropí de los evento externo del agujero blanco asociado. Es posible teorizar que el hipermotor de distorsión espaciotemporal de una nave espacial de este tipo permitiría a un crononauta elegir un punto de salida en el pasado de su trayectoria viajando más rápido que la luz fuera del ektropí de evento externo del agujero blanco, invirtiendo su dirección hacia la onda retrasada, para elegir un destino específico en el pasado en la dirección temporal de avance. Para el viaje de regreso en la dirección temporal de avance, la nave espacial del crononauta puede orbitar un agujero negro en el pasado a una distancia que dilataría el tiempo en la dirección de avance de la onda retrasada, mientras que el tiempo a una distancia significativa del agujero negro está pasando increíblemente rápido en la misma dirección de avance hasta que la nave espacial sale en su destino específico del futuro.

Los agujeros blancos que sólo son microscópicos pueden ser muy masivos, un agujero blanco del tamaño de un grano de arena puede pesar más que Calisto, una de las lunas de Júpiter, y la tercera luna más grande del sistema solar. Es posible teorizar que si un agujero negro en nuestro universo se encuentra con un agujero blanco de otro universo, el resultado podría ser un solo par de agujeros negro y blanco más grande, o un puente inter-dimensional, a través de múltiples universos.

Por el contrario, para un agujero negro Kerr-Newman, se puede predecir que un objeto de masa, en un agujero blanco Kerr-Newman, adquiriría energía positiva. El objeto tendría que estar en la argos-esfera viajando a una velocidad relativista y tendría que dividirse en dos. De esta manera, la mitad tendría menor energía de masa mientras se desvía del agujero blanco, y dada la acción de retroceso, la otra mitad estaría moviéndose en espiral más cerca del ektropí de evento externo del agujero blanco con mayor energía de masa positiva.

La inserción de energía se produce en la energía rotacional del agujero blanco fuera del ektropí de evento externo en la región espaciotemporal Kerr-Newman llamada argos-esfera. Todos los objetos de la argos-esfera se arrastran por un espacio-tiempo giratorio. Por lo tanto, la mitad con movimiento espiral transferiría energía que se insertaría en la energía de rotación de la propia argos-esfera del agujero blanco. A pesar de que el impulso se conserva el efecto es que se puede insertar más energía en el agujero blanco de lo que se proporcionó originalmente, la diferencia es absorbida por el agujero blanco en sí.

El proceso de inserción, o proceso Hawking, resulta en un pequeño aumento en el impulso angular del agujero blanco, que corresponde a una transferencia de energía desde el objeto de masa. La energía absorbida se convierte en una ganancia de impulso.

La cantidad máxima de transferencia de energía prevista para una sola partícula a través de un proceso eficiente sería superior al veinte por ciento en el caso de un agujero blanco Kerr-Newman giratorio cargado.

Según el principio de incertidumbre de Heisenberg en la mecánica cuántica, un agujero blanco rotativo Kerr-Newman desmontaría los pares de partículas y absorbería o emitiría las partículas desde dentro, que podrían emitirse a su argos-esfera. Un agujero blanco es una fuente de radiación. *Es posible teorizar un par de partículas virtuales que emergen dentro del ektropí de evento externo del agujero blanco donde una de las partículas se acerca a la singularidad del agujero blanco, mientras que la otra se desvía fuera del agujero blanco como una radiación de Penrose.* Si tal proceso continuara, sería posible predecir que el agujero blanco podría perder su masa gradualmente a través de la aniquilación de partículas-anti partículas, o de la emisión de partículas, aumentando su volumen, disminuyendo su rotación, mientras que su agujero negro asociado descargaría más masa de su singularidad hacia el centro del agujero blanco, disminuyendo el volumen del agujero negro, aumentando su rotación, que continuaría hasta que el par de los agujeros negro y blanco se contrajera y disipase.

Sin embargo, mientras el agujero negro se alimentará de más materia o energía, el agujero blanco sostendría y equilibraría el dipolo del par de los agujeros negro y blanco, a través de los principios de la conservación de la energía y la carga, sin la disipación completa del par.

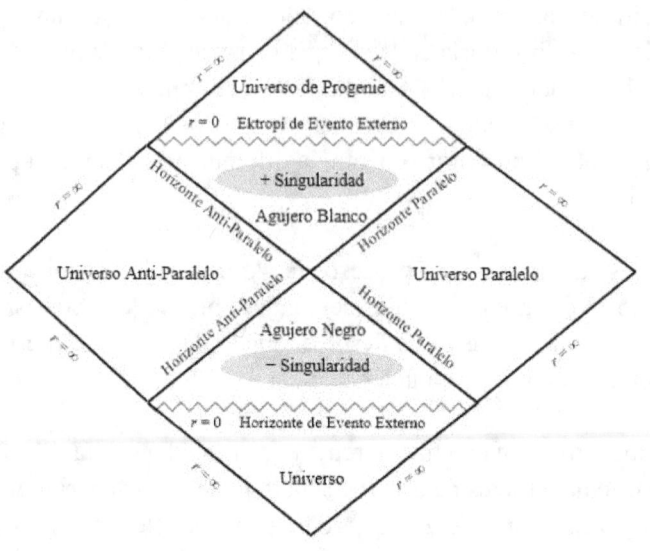

Figura 3. Diagrama de un Puente Espaciotemporal
Inter-dimensional.

En consecuencia, es posible predecir una radiación Penrose para
describir la emisión de partículas o los objetos de masa, o la energía
pura, de un agujero blanco Kerr-Newman a la argos-esfera argos
o al espacio. Por lo tanto, los agujeros blancos tienen una cierta
temperatura, y una cantidad de entropía que es recíproca a la
superficie del ektropí de evento externo. Así, un agujero negro tiende
a aumentar su superficie a medida que su entropía aumenta a través
de la acreción de la materia y la energía hacia su singularidad,
mientras que un agujero blanco tiende a aumentar su superficie a
medida que su entropía disminuye a través de la emisión de la
materia y la energía de su singularidad.

$$S = \frac{1}{\pi R^2} = \frac{4}{A} \qquad (9.1)$$

Donde S es la entropía del agujero blanco, A es el área del ektropí de
evento externo, y R es el radio del agujero blanco. Además, cada
agujero blanco rotativo perdería energía en forma de ondas anti-
gravitacionales.

A medida que las ondas anti-gravitacionales viajan a través del

130

espacio pleno de la materia, extenderían la dimensión espacial en la dirección de propagación mientras una onda gravitacional la contraerían. Ambas son ondas longitudinales que viajan desde su fuente por extensión o contracción de la divergencia o convergencia espaciotemporal del medio. A medida que una onda antigravitacional pasa a través de un objeto de masa, extendería el cuerpo del objeto en la dirección de propagación. La antigravedad no es el desplazamiento de una onda gravitacional en ciento ochenta grados como lo sería para un campo gravitacional Alfa en un campo gravitacional Beta o planetario. Un nombre más apropiado para el campo gravitacional Alfa sería un contra campo gravitacional.

Por lo tanto, la extensión de la dimensión espacial de las ondas antigravitacionales plantea la pregunta retórica: si un agujero negro puede dilatar el tiempo cuando el espacio se contrae, de modo que el tiempo se ralentice, ¿puede un hipotético agujero blanco contraerse y acelerar el tiempo cuando se extiende el espacio?

Una digresión sobre cómo se calcula el borde interior de un agujero negro a partir de la medición de la temperatura del disco y la luminosidad para inferir la rotación del agujero negro. Según los investigadores, un enorme agujero negro conocido como ASASSN-14li gira al menos a la mitad de la velocidad de la luz; completa una rotación en unos dos minutos.

Propongamos un experimento Penrose-Zeldovich para probar la hipótesis de nuestra teoría mediante el uso de ondas espirales de luz que impactan la superficie de un disco liviano de Vantablack. El Vantablack, o las matrices de nanotubos alineadas verticalmente que son negras, es uno de los materiales conocidos más oscuros, absorbiendo hasta el 99,965% de la luz visible que impacta el material en dirección perpendicular. Se compone de un paquete de tubos verticales cultivados en un sustrato.

Cuando la luz impacta el material, se absorbe y se disipa continuamente como calor a través de los tubos. El material tiene alta estabilidad térmica y alta resistencia a la vibración mecánica. A medida que las ondas espirales de luz impactan el disco rotativo, a la velocidad de rotación en sentido horario, el impulso impactado por la ondas espirales de luz contrarias a la dirección de rotación, sería absorbido por el disco y reduciría ligeramente su velocidad de rotación, la amplitud se atenuaría y la frecuencia de las ondas de luz sería desplazada hacia el azul (la longitud de onda más corta). El disco absorbería la energía debido al atributo del efecto Doppler en las ondas incidentes de luz. Este efecto sería similar al efecto de un objeto hipotético situado en la ergosfera de un agujero negro que se divide en dos mitades, con una mitad absorbida por el agujero negro y la otra mitad expulsada del agujero negro con mayor energía mientras la rotación del agujero negro se ralentiza.

El experimento también se puede realizar con ondas sonoras, una fuente de ondas con una frecuencia mucho menor que la luz visible con un conjunto de pequeños altavoces giratorios y un disco de espuma giratorio con micrófonos muy sensibles detrás del disco conectados a una grabadora multipista. Las ondas sonoras giratorias estarían en contra de la dirección de rotación para obtener el máximo efecto. El micrófono recibiría las ondas sonoras giratorias que cambian por el efecto Doppler a medida que el disco de espuma se ralentiza ligeramente.

Propongamos un experimento similar para un agujero blanco, donde los haces espirales de microondas impactan la superficie reflectante del metal, de un disco giratorio. Unos cuantos micrones de plata o de cobre son suficientes para dar un buen reflejo de las microondas. En cuyo caso, a la velocidad de rotación correcta, el impulso de los haces espirales de microondas en la dirección de rotación, se reflejaría en la superficie metálica, elevando la velocidad de rotación del disco, mientras que la amplitud se amplificaría, y la frecuencia de los haces de microondas se desplazaría hacia el rojo (la longitud de onda más larga). Este efecto es similar al efecto en los haces espirales de microondas desviados de un hipotético agujero blanco con mayor energía que los haces espirales de microondas incidentes. Este experimento también se puede realizar con ondas sonoras, con el disco de altavoces girando en la misma dirección de rotación que el disco de espuma receptor, ya que el disco de espuma se acelera ligeramente con mayor energía a la velocidad de rotación correcta.

Teóricamente, a medida que un volumen espaciotemporal de ondas converge a través del horizonte de evento externo de un agujero negro Kerr-Newman, la longitud radial espacial hacia la singularidad se extiende (una espaguetización), mientras que las longitudes espaciales perpendiculares de la anchura y la profundidad asociadas con el volumen espaciotemporal de las ondas se contraen hacia la singularidad debido a la geometría del agujero negro y al paso del tiempo, o a la convergencia del espacio. Es posible teorizar que a medida que el volumen espaciotemporal se extiende a través y alrededor de la singularidad teórica del anillo positivo de un agujero negro Kerr-Newman en la garganta del par de agujeros blanco y negro, o del puente espaciotemporal inter-dimensional, la presión espaciotemporal disminuye, aumentando la velocidad de la tasa de divergencia espaciotemporal a través de la garganta inter-dimensional. A medida que el volumen espaciotemporal de menor presión se extiende fuera de la garganta en el agujero blanco Kerr-Newman, se expande a través y alrededor de la singularidad teórica del anillo negativo con una presión espaciotemporal menor.

La divergencia espaciotemporal de menor presión actúa sobre y alrededor de la singularidad del anillo negativo creando una región espaciotemporal debajo de ella que puede mantener la singularidad del anillo negativo dentro del agujero blanco. Este efecto de retención mantiene la singularidad negativa del anillo dentro del agujero blanco, mientras que la presión espaciotemporal fuera del ektropí del evento externo es mucho mayor. A medida que la singularidad positiva del anillo del agujero negro y el volumen disminuyen causando que la presión espaciotemporal a través de la garganta y dentro del agujero blanco aumente, la presión resultante, y las cargas menos positivas en el agujero negro, harían que el material restante de la singularidad del anillo negativo en el agujero blanco se acercara al ektropí del evento externo para su eventual emisión y disipación.

A medida que la materia se acrecienta en el agujero negro Kerr-Newman, la masa se condensa bajo una enorme presión en una singularidad de anillo. Se teoriza que la nube muy densa y fluida de electrones de los núcleos de los elementos pesados en la singularidad del anillo se desplazan por la longitud espacial que se extiende a través de la garganta inter-dimensional hacia el reino del agujero blanco asociado como una singularidad de anillo negativa extendida, mientras que los núcleos pesados, en el reino del agujero negro, forman una singularidad de anillo positivo. Los electrones podrían establecer sus trayectorias orbitales bidireccionales basadas en la bidireccionalidad de la divergencia espaciotemporal, o convergencia, entre dos puntos dentro del medio de onda.

En consecuencia, es posible que las singularidades de anillo cargado formen un dipolo electromagnético, en cuyo caso, la singularidad de anillo en el agujero blanco se conservaría por menor presión, así como una fuerza electromagnética de atracción de la singularidad de anillo del agujero negro, extendiendo el ciclo de vida del agujero blanco proporcionalmente al proceso de ciclo de vida del agujero negro.

Cuando el flujo espaciotemporal es convergente o divergente, la densidad espaciotemporal varía con su presión. Los flujos convergentes o divergentes son flujos de velocidad luminal. La ecuación de Bernoulli se puede adaptar a los flujos convergentes o divergentes. Sin embargo, la suposición de que las fuerzas de corte debido a la viscosidad son insignificantes permanece en las versiones convergentes o divergentes de la ecuación. Los efectos convergentes y los divergentes dependen de la velocidad de la luz en el medio espaciotemporal y de la relación recíproca entre el espacio y el tiempo. El efecto Penrose-Venturi es el aumento o la disminución de la presión espaciotemporal estática que resulta cuando un volumen espaciotemporal de ondas converge o diverge a través de dos puntos de la garganta de un puente espaciotemporal inter-dimensional entre un agujero blanco Kerr-Newman y su agujero negro asociado sin ninguna diferencia en las presiones potenciales, de torsión o electromagnéticas a través del puente inter-dimensional.

$$B_{\mu v} - W_{\mu v} = -\frac{G\rho}{2c^4}\left(c_{WH}^2 - c_{BH}^2\right) = \frac{G\rho}{2c^4}\left(c_{BH}^2 - c_{WH}^2\right) \qquad (9.2)$$

donde "$B_{\mu v}$" es la curvatura espaciotemporal del agujero negro, "$W_{\mu v}$" es la curvatura espaciotemporal del agujero blanco, "ρ" es la densidad de masa (Kg/m^3) de la singularidad del anillo y "c" es la velocidad de la luz para un volumen espaciotemporal de ondas.

La ecuación anterior muestra que, en caso de un cambio de curvatura o un cambio de presión espaciotemporal, la velocidad de la luz estaría determinada por la relación recíproca entre el espacio y el tiempo, y viceversa. El principio espaciotemporal Euler-Bernoulli establece que un cambio en la tasa de divergencia espaciotemporal o la tasa de convergencia espaciotemporal, se produce simultáneamente con un cambio en la curvatura espatiotemporal estática o la presión espaciotemporal.

$$\Sigma = A_{BH} \sqrt{\frac{16\pi}{\kappa\rho} \cdot \frac{\left(B_{\mu v} - W_{\mu v}\right)}{\left(\dfrac{A_{BH}}{A_{WH}}\right)^2 - 1}} = -A_{WH} \sqrt{\frac{16\pi}{\kappa\rho} \cdot \frac{\left(B_{\mu v} - W_{\mu v}\right)}{1 - \left(\dfrac{A_{BH}}{A_{WH}}\right)^2}} \qquad (9.3)$$

mientras que $"\Sigma"$ es la tasa de flujo volumétrico (m³/s), $"\kappa"$ es la constante de Einstein, $"A"$ es la sección transversal (m²) de la garganta a cada lado del puente, y las otras variables fueron descritas previamente.

En consecuencia, suponiendo que la geometría no cambie, podemos teorizar los siguientes efectos: cuanto mayor sea el diferencial de presión espaciotemporal a través de la garganta inter-dimensional, mayor será la velocidad bidireccional de la divergencia espaciotemporal o la tasa de convergencia a través de la garganta inter-dimensional, y menor será la densidad de la singularidad positiva del anillo en el agujero negro o menor será el diferencial de presión espaciotemporal a través de la garganta inter-dimensional, cuanto menor sea la velocidad bidireccional de la divergencia espaciotemporal o la tasa de convergencia a través de la garganta inter-dimensional. No obstante, el flujo direccional de la masa-energía en el agujero negro o fuera del agujero blanco continuaría.

Agujero Negro

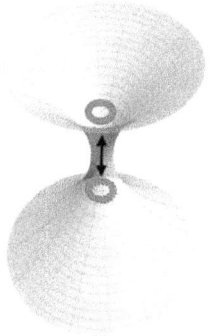

Agujero Blanco

Figura 4. Una ilustración de un par de Agujeros Negro y Blanco Kerr-Newman.

135

La métrica de Schwarzschild de un par de agujeros negro y blanco se puede expresar como

$$ds^2 = -e^{\mp 2\frac{gr}{c^2}}dt^2 + e^{\pm 2\frac{gr}{c^2}}dr^2 + r^2 d\Omega^2 \tag{9.4}$$

Donde $2gr^2/c^2r \equiv 2gr/c^2$, $e^{-2\frac{gr^2}{c^2r}} \approx 1 - \frac{gr^2}{c^2r} + ...$, y $\left[e^{-2\frac{gr}{c^2}} \right]^{-1} = e^{+2\frac{gr}{c^2}}$

se usan en la métrica.

La siguiente ecuación es una adaptación de la ecuación Bernoulli de Euler para la presión espaciotemporal:

$$P_{Static} + P_{Dynamic} + P_{Potential} + P_{Torsional} + P_{Electromagnetic} = P_{Total\ Spatiotemporal} \tag{9.5}$$

La torsión puede producirse por el arrastre de marco espaciotemporal o por un remolino espaciotemporal dentro del agujero negro o dentro de su agujero blanco asociado, donde el espacio-tiempo se agita alrededor de una singularidad de anillo masiva y giratoria. El fenómeno conocido como el arrastre de marco también se conoce como el efecto de Lense-Thirring.

Por lo tanto, expresemos el Principio Espaciotemporal Euler-Bernoulli con Torsión y Electromagnetismo, para la región espaciotemporal de presión a través de la garganta del puente espaciotemporal inter-dimensional dentro del par de agujeros negro y blanco durante su ciclo de vida teorizado.

Para un flujo espaciotemporal convergente o divergente, obtenemos

$$\frac{c^4 B_{\mu\nu}}{G} + \frac{1}{2}\rho c_{BH}^2 + \rho g d_{BH} + \nabla_b L_{\mu\nu}^b + \frac{F_{\mu\nu}^+}{A_{BH}} \tag{9.6}$$

$$-\frac{c^4 W_{\mu\nu}}{G} - \frac{1}{2}\rho c_{WH}^2 - \rho g d_{WH} - \nabla_w L_{\mu\nu}^w - \frac{F_{\mu\nu}^-}{A_{WH}} = \rho c^2$$

$$P_{BH} - P_{WH} = \rho c^2 \tag{9.7}$$

Donde $"c"$ es la velocidad constante de la luz, $"g"$ es la aceleración gravitacional o anti-gravitacional a través de un potencial gravitacional o anti-gravitacional, $"L"$ es una fuerza de torsión, $"A"$ es un área espaciotemporal, $"P"$ es presión, $"F"$ es una fuerza electromagnética, y $"G"$ es la constante gravitacional universal.

La torsión es presión, o la torsión de un volumen espaciotemporal debido a una fuerza de torsión (N·m). La torsión puede expresarse en unidades de Pascal (Pa), o en Newtons/m^2.

Por lo tanto, cuando la presión del agujero negro converge o diverge, la expresión correspondiente para la presión del agujero blanco es divergente o convergente, dependiendo del ciclo de vida teorizado del par de agujeros negro y blanco, y el principio de conservación de la energía. La presión es equivalente a la densidad de la energía.

Una partícula de masa seguiría una trayectoria racionalizada, como una curva que en todos los puntos es tangente al vector de velocidad de la partícula, a través de la garganta inter-dimensional. La tasa de flujo de la masa sería igual al producto de la densidad del flujo espaciotemporal, el área transversal, y la velocidad espaciotemporal.

En términos de energía a través de la garganta inter-dimensional para el flujo espaciotemporal convergente o divergente, obtenemos

$$\frac{c^4 B_{\mu v}}{G\rho} + \frac{1}{2}c^2_{BH} + gd_{BH} + \frac{\nabla_b L^b_{\mu v}}{\rho} + \frac{F^+_{\mu v}}{\rho A_{BH}} \qquad (9.8)$$

$$-\frac{c^4 W_{\mu v}}{G\rho} - \frac{1}{2}c^2_{WH} - gd_{WH} - \frac{\nabla_w L^w_{\mu v}}{\rho} - \frac{F^-_{\mu v}}{\rho A_{WH}} = c^2$$

En términos de una distancia espaciotemporal de la cabeza de presión a través de la garganta inter-dimensional, tenemos

$$\frac{c^4 B_{\mu v}}{G\rho g} + \frac{1}{2}\frac{c^2_{BH}}{g} + d_{BH} + \frac{\nabla_b L^b_{\mu v}}{\rho g} + \frac{F^+_{\mu v}}{\rho g A_{BH}} \qquad (9.9)$$

$$-\frac{c^4 W_{\mu\nu}}{G\rho g} - \frac{1}{2}\frac{c_{WH}^2}{g} - d_{WH} - \frac{\nabla_w L_{\mu\nu}^w}{\rho g} - \frac{F_{\mu\nu}^-}{\rho g A_{WH}} = ct$$

Fue el eminente Leonhardt Euler quien derivó la ecuación de Bernoulli en su forma habitual en 1752. Aunque, fue el brillante matemático y físico Daniel Bernoulli quien dedujo que la velocidad del flujo de un fluido aumenta cuando la presión disminuye, para los procesos adiabáticos y reversibles que tienen la misma entropía, cuando los procesos irreversibles, como las turbulencias, y los procesos no adiabáticos, como la radiación de calor, son insignificantes.

Una digresión sobre los fluidos nos dice que todos los líquidos son líquidos, pero no todos los fluidos son líquidos. Los líquidos son los fluidos incompresibles; su densidad no cambia significativamente con la presión. Los fluidos, por otro lado, describen una sustancia que puede fluir como resultado de un diferencial de presión entre dos puntos. Los gases también son fluidos y compresibles. El espacio-tiempo no es ni un líquido ni un fluido, pero algunos físicos consideran al espacio-tiempo como un superfluido.

Cada punto de un volumen espaciotemporal giratorio que es sostenidamente divergente o convergente a través de la garganta inter-dimensional, independientemente de la tasa de flujo volumétrico espaciotemporal en ese momento, tiene sus propias presiones espaciotemporales estáticas, dinámicas, potenciales, torsionales, y electromagnéticas. En ausencia de cualquier otra presión, su suma puede definirse como la presión espaciotemporal total que puede considerarse como una constante a lo largo de la garganta inter-dimensional.

Los agujeros blancos disminuyen la entropía, lo que se considera como una prueba fundamental en su contra. En nuestro universo, obedecemos las leyes de la termodinámica. Y hasta ahora, no se han observado o confirmado violaciones a esas leyes de la termodinámica en nuestro universo, o no han sido ampliamente demostradas o duplicadas experimentalmente, aunque a menudo escuchamos afirmaciones de máquinas de movimiento perpetuo o de eventos inusuales. ¿Podría un universo alternativo obedecer una ley diferente para la entropía? ¿Son las leyes de la naturaleza de un universo exclusivas? ¿Podría una nave espacial que salió de un universo alternativo tener un motor de distorsión espaciotemporal que funcione en violación de la primera ley o segunda ley de la termodinámica de nuestro universo?

Un agujero negro Kerr-Newman tiene carga, por lo que es posible hipotetizar que un agujero negro y su agujero blanco asociado tienen cargas opuestas. Por lo tanto, hipoteticemos que un par de agujeros negro y blanco es un dipolo, con el agujero negro que tiene una carga positiva y el agujero blanco que tiene una carga negativa. La carga positiva del agujero negro tiene un campo electromagnético hacia fuera, y la carga negativa del agujero blanco tiene un campo electromagnético hacia dentro. Aunque, cuando la dirección de la contracción espaciotemporal del agujero negro y la dirección correspondiente de la expansión espaciotemporal del agujero blanco no están de acuerdo con las direcciones de campo electromagnético, las ondas espaciotemporales viajan bidireccionalmente entre dos puntos dentro del agujero negro o del agujero blanco. La expansión o contracción son la divergencia resultante, o la convergencia resultante, de la interferencia de las ondas espaciotemporales dentro de cada medio.

Es posible extraer energía del disco giratorio del material que rodea un agujero negro, y de hecho cuando un pequeño agujero negro absorbe una masa estelar, se espera que al menos la mitad de la energía de la masa de reposo del material en caída se irradia antes de que lo que queda entre en el horizonte de evento externo del agujero negro, que es más, por órdenes de magnitud, que la energía producida por la fusión nuclear más eficiente conocida, la conversión del hidrógeno en el helio. Además, la transmisión incorpórea de energía entre cuerpos celestes resulta en la rotación.

Imaginemos el viaje de ciencia ficción del Capitán David Quintus, al mando del UNERS Cisne, en un viaje de la tierra a una de las lunas de Júpiter. ¡Un viaje que termina donde todo comienza entre los universos!

Galileo VII fue la última nave espacial en examinar Júpiter y sus lunas durante un largo período de tiempo. Fue lanzado en un cohete Ariane 5 en el año 2056, recibió algunos impulsos de velocidad al pasar por la Tierra dos veces y por Venus una vez, y luego llegó a Júpiter por fin en el 2062.

La sonda Galileo VII regresaba a casa de una misión Joviana y fue empujada ligeramente fuera de curso por la antigravitación de un agujero blanco. Detectó el agujero blanco por casualidad en su regreso a la tierra después de escanear Calisto. El agujero blanco se encontraba a unos cuatro millones de millas (aproximadamente seis millones y medio de kilómetros) de Calisto, una de las lunas de Júpiter. El Cisne de las Naciones Unidas había sido construido por la Armada de las Naciones Unidas para formar parte de la Flota de la Fuerza Espacial, pero desde el descubrimiento del agujero blanco cerca de Calisto, había sido reasignado a la misión de exploración e investigación de agujeros blancos llamada "Alba Foraminis" y la nave espacial pasó a llamarse el UNERS Cisne.

El UNERS Cisne es hermoso, es una catedral o un palacio de cristal inter solar. El aspecto gótico del UNERS Cisne es asombroso. El UNERS Cisne fue modificado para un experimento que extrae energía de un agujero blanco a través de haces de microondas giratorios que impactarían el agujero blanco rotativo y rebotarían a mayor energía debido al efecto de Zeldovich que se recogería en las antenas receptoras de la nave espacial dron llamada UNBDS Alba, donde se ubicaría un sistema de baterías a gran escala. El agujero blanco fue visto como un posible depósito de energía libre para el avance de la Fuerza Espacial de las Naciones Unidas, donde todas las naciones tendrían una participación igualitaria del dominio espacial para el avance de la humanidad. El gobierno de la Unión Europea había invertido fuertemente en la Fuerza Espacial de las Naciones Unidas con un consenso de liderazgo libre de dogma político, para el desarrollo de tecnologías espaciales y la defensa global de la tierra, y de la luna, de cualquier amenaza externa.

Toda la expedición fue financiada por la Fundación de Colón para la exploración e investigación espacial desde el puerto espacial en el sur de España en la Isla de Saltes en Palos de la Frontera con asistencia técnica de la ONU y la UE. Palos de la Frontera es un municipio español del suroeste de Huelva, en la comunidad autónoma de Andalucía.

David Quintus era un hombre carismático y auspicioso. Iba a viajar a donde ningún hombre se ha atrevido a ir al exterior de un agujero blanco. Sus amigos le dijeron que tenía que estar loco, que era imposible sobrevivir cerca de un agujero blanco, porque habría mucha radiación afuera del agujero blanco. Pero sabían que la palabra "imposible" no se encontraba en el diccionario del Dr. Quintus.

Su madre Victoria había desaparecido en un conjunto de circunstancias muy extrañas que fueron desclasificadas recientemente por las Naciones Unidas. Una vez Victoria le dijo al joven David que "cada gran viaje comienza con un primer paso. Cada gran idea comienza con un visionario. Nunca olvides que tienes dentro de ti, la creatividad, la determinación y la previsión, para alcanzar la plenitud de las galaxias y cambiar así el universo." Esas palabras motivadoras causaron una impresión duradera en el joven.

El capitán David Quintus había ingresado en la Academia General del Espacio de las Naciones Unidas en Marín (Pontevedra), en el Noroeste de España, graduándose Summa Cum Laude en el año 2045 con un doctorado en física. Posteriormente, entró en el programa de propulsión espacial de la Armada de las Naciones Unidas y después de completar su escuela de entrenamiento de propulsión y naves espaciales, el Dr. Quintus se unió a la Fuerza Espacial de las Naciones Unidas en el 2049. Después de una carrera muy exitosa en la exploración e investigación espacial a lo largo del sistema solar, recibió numerosos premios de fuerza espacial que incluyen la Legión al Mérito de las Naciones Unidas, la Medalla del Servicio Meritorio de las Naciones Unidas, la Medalla al Logro de la Fuerza Espacial de las Naciones Unidas, y fue galardonado con la Insignia del Comando en el Espacio de las Naciones Unidas.

En un hermoso y soleado día de verano, un vehículo de lanzamiento Ariane 5 de la ONU había tomado un avión espacial Hermes que transportaba al Capitán Quintus y a algunos de sus oficiales a una órbita terrestre para dirigirse a una órbita lunar donde el UNERS Cisne los esperaba. Unas horas después de su llegada, el capitán pidió una reunión de misión altamente clasificada.

Durante la sesión informativa de la misión, el capitán Quintus, planeó explicar los detalles del experimento y la misión de investigación, así como responder a cualquier pregunta de la tripulación del UNERS Cisne.

- Algunos de ustedes pueden estar preguntándose por qué este equipo ha sido organizado. Nuestro comandante el Capitán David Quintus discutirá nuestra misión altamente clasificada y responderá a cualquier pregunta que puedan tener. Dijo el oficial ejecutivo.
- El Capitán Quintus caminó sobre el estrado y se dirigió a la tripulación.
- Por favor, no duden en hacer cualquier pregunta mientras discuto los detalles de nuestra misión.
- Hace unas semanas, una de nuestras sondas que regresaba de Calisto descubrió un agujero blanco por casualidad. A través de las imágenes térmicas desarrollamos un holograma del ektropí de evento externo del agujero blanco. Los expertos no pueden ponerse de acuerdo sobre quién lo puso allí ni cuándo. Sin embargo, contrario a nuestras expectativas, el agujero blanco es estable.
- El UNERS Cisne ha sido equipado con un dispositivo especial para probar el efecto de los haces espirales de microondas desviados de un agujero blanco con mayor energía que los haces espirales de microondas incidentes a una distancia segura del agujero blanco.
- Capitán, ¿qué pasaría con la radiación del agujero blanco? Le preguntó uno de los oficiales médicos.
- Si Usted se acercara a un agujero blanco en una nave espacial, podría ser irradiado por una enorme cantidad de energía, lo que muy probablemente destruiría su nave. Incluso si su nave espacial pudiera soportar los rayos gamma, la luz misma comenzaría a ralentizar su nave espacial como el arrastre aerodinámico que ralentiza un avión en la atmósfera de la Tierra, a menos que la nave espacial tuviera un escudo espaciotemporal de un campo gravitacional Alfa. A pesar de que nuestra nave espacial estará a una distancia segura del agujero blanco, tenemos dos reactores de campo gravitacional Alfa en el UNERS Cisne que también nos proporcionan un campo gravitacional similar al terrestre en la nave espacial.
- Señor, ¿sería un problema la curvatura espaciotemporal? Preguntó un miembro de la tripulación.
- Incluso si la nave espacial fuera construida para no verse afectada por la emisión de energía, el espacio-tiempo se deformaría extrañamente alrededor de un agujero blanco;

acercarse a un agujero blanco sería como ir cuesta arriba. La aceleración requerida se haría cada vez más alta, mientras que la nave espacial se movería cada vez menos. No hay suficiente energía en el universo para meterte dentro. ¿Cómo podría la energía dentro de un agujero blanco aparentemente provenir de otra parte que no sea el espacio-tiempo en sí? Estas son las razones por las que su existencia en nuestro universo era dudosa. Nuestra nave espacial estará a una distancia segura de los efectos nocivos debido a la curvatura espaciotemporal o la radiación.

- Para los observadores de una nave espacial, un agujero blanco se parece a un agujero negro. Tiene los mismos atributos que un agujero negro, pero si los observadores siguieran observando pudieran presenciar un evento de eructo, el momento en que la materia o la energía sale del agujero blanco, y muy probablemente dirían "¡Caramba! ¡Esto sí que es realmente un agujero blanco!"

- Soy de la escuela de pensamiento que cada agujero negro giratorio y cargado puede tener un agujero blanco asociado. El interior de un agujero blanco en nuestro universo está fuera de la causalidad de nuestro universo. Ningún evento externo afectará el interior del agujero blanco.

- ¿Se supone que existen agujeros blancos en nuestro universo? Preguntó un miembro de la tripulación.

- Algunos investigadores solían pensar que los agujeros blancos no podrían existir, porque los agujeros blancos son un malentendido de un análisis temprano e incorrecto de una teoría simplificada sobre la naturaleza de los agujeros negros. Una vez eliminadas esas suposiciones para que se pudiera modelar un agujero negro, todo lo que quedaba era la entrada al agujero negro en un lado del diagrama multidimensional del espacio-tiempo, y la singularidad en el centro. Los agujeros blancos disminuyen la entropía, que es una prueba fundamental contra su existencia en este momento. En nuestro universo, obedecemos las leyes de la termodinámica. Y hasta ahora, no se han observado ni confirmado violaciones de esas leyes de la termodinámica.

- ¿Qué pasaría con las personas o los dispositivos que pueden existir en un universo alternativo, obedecen a diferentes leyes? Preguntó un miembro de la tripulación.

- Bueno, una de las razones por las que la gente piensa que debe existir un agujero blanco es el misterio de lo que sucede con toda la materia que rodea un agujero negro que cae, más allá del horizonte de evento externo, cayendo hacia la singularidad, o hacia lo que nadie sabe. ¿Y luego qué?

- El Big Bang puede considerarse como un agujero blanco. Pero los agujeros blancos no son infinitos. Un agujero blanco pudiera tener un tipo de singularidad particular: una singularidad desnuda hipotética. No había pruebas contundentes de que existían los agujeros blancos hasta ahora, pero en nuestro vasto y complejo universo, hay espacio incluso para ellos.

- El ektropí de evento externo de un agujero blanco es un límite de no admisión, un manto perfecto. Las naves espaciales de un universo adyacente pueden esconderse detrás del límite, ya que serían invisibles y no detectadas. Un lugar perfecto para esconder un arma ominosa o una base de operación. Sin embargo, cualquier señal electromagnética que sería emitida por un equipo dentro del agujero blanco podría ser recibida fuera del agujero blanco, eso significa según entendemos que nunca se podría enviar ninguna información en el agujero blanco, sólo hacia fuera de él.

- Capitán, creo que sus expertos tienen la evidencia ahora. ¡Existe! Dijo uno de los oficiales de la sala de control. "Las ecuaciones de campo de Einstein impactaron la física hace más de un siglo, como un huracán a través de Homestead, y los físicos e investigadores todavía están clasificando a través de los escombros. Un agujero blanco es una posible solución a las Ecuaciones de Campo de Einstein de la Relatividad General. Un agujero blanco es la inversión temporal de un agujero negro."

- Sí, una de las soluciones a las Ecuaciones de Campo de Einstein de la Relatividad General tiene una región de agujero negro en el futuro y una región de agujero blanco en el pasado. Por eso, los agujeros blancos aparecen en la teoría de los agujeros negros eternos. Un agujero blanco es lo opuesto a un agujero negro. Un agujero blanco es una región del espacio-tiempo que no se puede entrar desde el exterior, a pesar de que la materia, la luz, la energía y la información, pueden escapar del agujero blanco. Un agujero blanco, como un agujero negro, tiene propiedades como carga, masa e impulso angular.

- Capitán, ¿cuál será la aceleración anti-gravitacional del agujero blanco? Preguntó un oficial de comunicaciones.

- Por favor, recuerde que vamos a entrar en un territorio desconocido, por lo que, según los investigadores, se espera que la aceleración anti-gravitacional de un agujero blanco sea $g = +rc^2/a^2$, donde "r" es la distancia desde el agujero blanco, y se espera que el radio del agujero blanco con una singularidad desnuda sea dado por un $a = 2GM/c^2$. Un agujero blanco con una singularidad desnuda tiene fuerza repulsiva. Por lo tanto, irradia las ondas anti-gravitacionales. En otras palabras, el agujero blanco gira con una frecuencia angular esperada de c/a. La expresión c/a también se denomina la constante Hubble. Se espera que la energía del agujero blanco giratorio se obtenga a la frecuencia angular de emisión. Por la ley de la conservación del momento angular, a medida que el radio de un objeto giratorio disminuye, su velocidad de rotación aumenta.
- Los agujeros negros supermasivos se predicen teóricamente y se encuentran en el centro de las galaxias para formar galaxias. ¿Es posible que esos objetos supermasivos también existan como agujeros blancos durante el Big Bang de un universo o un Pequeño Bang de una galaxia? ¿Podría un agujero blanco colapsar por una pequeña perturbación? Preguntó un miembro de la tripulación.
- Sí, creo que es posible que los agujeros negros supermasivos tengan sus agujeros blancos asociados. Sin embargo, es poco probable que una pequeña perturbación cause el colapso de un hipotético agujero blanco, ya que nada puede entrar en un agujero blanco desde su espacio circundante y la causa y el efecto de los eventos dentro y fuera del agujero blanco son mutuamente excluyentes. A medida que los agujeros blancos se expanden gradualmente incluso a la velocidad de la luz, no son explosivos, sino más bien lentos en comparación con las vastas distancias de un universo potencial. Dado que un agujero blanco puede expandirse o contraerse, como un agujero negro, puede producir o consumir energía en ese proceso, o en el proceso de Penrose.
- Todos ustedes tienen una amplia experiencia en el espacio en su campo por eso han sido elegidos para esta misión. Creemos que son la mejor tripulación que tenemos para esta importante misión.
- Por lo tanto, quiero asegurarles que hemos planeado nuestra misión cuidadosamente para estar lo más seguros posible dentro

de las limitaciones de la misión.
- ¿Hay alguna otra pregunta? Después de esperar durante varios minutos de silencio, el capitán Quintus dijo "si no hay otras preguntas esta reunión informativa ha terminado. Gracias a todos."
- Después de salir de la sala de reuniones cuando estaban solos, el oficial ejecutivo le preguntó al Capitán Quintus: "¿Cómo cree que nos fue, Capitán? Algunas personas estaban preocupadas por la seguridad a pesar de que sé que estamos bien preparados".
- Usted tiene razón sobre eso, pero el tren ya dejo la estación, y creo que hablo por todos en nuestra tripulación. Para esta misión vale la pena el riesgo. Gracias Oficial Ejecutivo, por su ayuda y apoyo.

La última entrada en el diario de abordo: Calisto 0800 El UNERS Cisne ha llegado a su destino para la misión Alba Foraminis.

Mientras el UNERS Cisne estaba haciendo su cuenta regresiva para desatar el poderoso haz de microondas sobre el agujero blanco, algunos de los oficiales observaron desde la cubierta de mando que había un destello de luz afuera del agujero blanco donde un disco plateado, que no fue observado, salió del agujero blanco y se ladeo hacia la derecha a través de la trayectoria prevista del haz de microondas, alejándose del agujero blanco en un abrir y cerrar de ojos. El destello de luz se produjo cuando el disco apagaba automáticamente su hipermotor espaciotemporal mientras el disco planeaba para activar su motor luminal de distorsión espaciotemporal. Dado que la tripulación estaba a una distancia segura y totalmente deslumbrada por la luz amarillenta y azulada del aureola y el contorno difuso amarillento y azulado del agujero blanco, la tripulación ni se inmuto por el evento, a pesar de que un objeto fue rastreado en el radar de la nave que fue tomado como un eructo del agujero blanco. Después de unos minutos, el potente haz de microondas se disparó sobre el agujero blanco y se ajustó para rebotar exactamente en las enormes antenas receptoras del UNBDS Alba. La cantidad de energía en un haz de microondas espirales tan concentrado era increíblemente poderosa. El experimento estaba funcionando según lo planeado, la energía extraída superó la expectativa y estaba aumentando, y la radiación del agujero blanco estaba dentro del rango seguro esperado.

La tripulación estaba eufórica mientras miraban el efecto del rebote en el ektropí de evento externo del agujero blanco. De repente, hubo otro destello de luz fuera del agujero blanco donde un disco idéntico salió del agujero blanco en la misma trayectoria, pero cuando se ladeo hacia la derecha como el segundo disco había hecho, fue cortado por la misma mitad por el potente haz de microondas. La tripulación del UNERS Cisne estaba observando atentamente la trayectoria del haz y se sorprendieron al ver un destello de luz muy brillante, ya que una mitad del disco fue desviada a la derecha a una velocidad menor por debajo de la aureola y la otra mitad se elevó rápidamente en un espiral irregular hacia la aureola del agujero blanco a una velocidad mayor a través de la argos-esfera según el radar de la nave, antes de que desapareciera. La explosión y el corte del disco ocurrieron increíblemente rápido, y la tripulación tardó un tiempo en desactivar el haz de microondas y darse cuenta de lo que había sucedido. Poco después, la sala de control recibió una comunicación inesperada de una nave espacial desconocida y cercana.

- Nave espacial terrestre, este es el piloto de la primera nave espacial extraterrestre que salió del agujero blanco.
- Este es el control del UNERS Cisne. Adelante.
- Solicito permiso para abordar su nave. Soy de la tierra.
- No hubo respuesta inmediata del UNERS Cisne, pero después de unos minutos respondieron. "Entendido. Por favor, acérquese a la nave por la esclusa 3 en el lado derecho o popa. Un oficial se reunirá con usted en la esclusa. Cambio.
- Lo haré. Gracias.

El disco se acercó lentamente y extendió su pasarela a la toldilla del UNERS Cisne, varias piezas de la artillería del UNERS Cisne fueron apuntadas al disco. El inesperado astronauta salió del disco en un traje espacial inusual y desarmado, aferrándose a las barandillas de la pasarela y se detuvo al final, virándose hacia la popa de la nave espacial donde un oficial de la cubierta bien armado estaba esperando en un traje espacial, luego pidió permiso para subir a bordo y le dio al oficial un saludo de mano. El oficial concedió permiso diciendo muy bien y devolvió el saludo de la mano. El oficial intrépido en la toldilla era el Capitán David Quintus. A medida que el astronauta se acercaba a él, David no podía creer sus ojos, ya que ahora podía ver la cara del astronauta; el astronauta no era otro que Victoria, su madre, a quien no había visto desde que era un niño.

La esclusa se abrió lentamente, y David guio a Victoria hacia el interior de la zona de cuarentena en la nave. Todo tipo de preguntas y pensamientos pasaron por la mente de David, pero estaba abrumado por las emociones de ver a su madre de nuevo después de tantos años. Sin embargo, se sintió feliz al mismo tiempo porque sabía que iban a tener mucho tiempo para ponerse al día y ser una familia de nuevo. Pensó que esto iba a ser muy interesante. Recordó que su madre dijo, "cuando eres fiel a lo que eres, suceden cosas increíbles."

§ 10. ¿Podrían los rayos cósmicos venir de la tierra?

Se cree que los rayos cósmicos emanan de las gargantas de los agujeros negros giratorios o de la explosión de una supernova, no de la materia que conforma un planeta. Se espera que los rayos cósmicos interactúen con la atmósfera de un planeta, como la Tierra, a medida que impactan la atmósfera o se reflejan de la capa de hielo de la Antártida, que produciría pulsos de radiación polarizados verticalmente. Los rayos cósmicos consisten en protones de alta energía y núcleos atómicos que tienen secciones transversales muy grandes en comparación con otras partículas como los neutrinos que pueden moverse a través de la atmósfera de un planeta como si el planeta no estuviera allí.

¿Es posible que los rayos cósmicos que apuntan hacia arriba detectados como provenientes de la capa de hielo de la Antártida no estén pasando a través de la tierra, sino que estén atravesando y saliendo de un puente espaciotemporal? ¿Podrían estos puentes espaciotemporales ocurrir naturalmente o son creados artificialmente a través de una tecnología avanzada?

A medida que se abre un puente espaciotemporal cerca de una fuente de partículas altamente energéticas, aquellas partículas o la radiación que viajan paralelas a la puerta del puente espaciotemporal pueden tener la posibilidad de atravesar el puente espaciotemporal hasta el otro lado que puede estar años luz de distancia en el destino en algún lugar del universo. Si tal escenario fuera posible, entonces los rayos cósmicos de algunos lugares energéticos del universo estarían entrando a la velocidad de la luz por una puerta del puente espaciotemporal en una ubicación remota del universo y saliendo hacia arriba a través del extremo opuesto del puente espaciotemporal sobre el continente de la Antártida. Es altamente improbable, algunos investigadores incluso pueden decir imposible, que estos rayos cósmicos, tal como los entendemos actualmente, viajaron a través del espacio profundo y pasaron a través del planeta Tierra y emergieron del otro lado sin ninguna interacción con la atmósfera, la materia de la Tierra o la capa de hielo de la Antártida. De acuerdo con el modelo estándar actual, las partículas conocidas no serían capaces de propagarse todo el camino a través de la atmósfera y la materia de la tierra en estas energías muy altas, en ángulos muy agudos de trayectoria, y luego salir con planos horizontales de polarización.

Capítulo 7

Las Citas están listadas por sus Categorías

§ 1. La Física.

- Nada sucede en contradicción con las leyes de la naturaleza. Sólo en contradicción con nuestra comprensión de esas leyes.

- Todo en nuestro universo estaba en algún lugar a la vez, pero luego el espacio-tiempo distanció todo a través de la expansión. La velocidad del tiempo en nuestra realidad es muy lenta con respecto a las vastas distancias espaciales de nuestro universo. La velocidad del tiempo es la velocidad de la causalidad.

- Si el universo no se expandiera, pero algunas cosas fueran cada vez más pequeñas a la velocidad de la luz o acelerando, ¿Parecería que todo se estaba expandiendo desde nuestra perspectiva sobre la tierra?

- El espacio-tiempo es un arquitecto cósmico. El espacio-tiempo es lo que el universo era realmente, es, y será. El espacio-tiempo es todo lo que hay.

- La función de onda es espaciotemporal y el espacio-tiempo es todo probabilidad. La energía y la masa distorsionan el espacio-tiempo y esa distorsión de la probabilidad es la curvatura espaciotemporal. La probabilidad de una fuerza es igual a la densidad de energía. ¡El resto es física!

- Si hay personas que encuentran fallas con la Mecánica Cuántica, déjenlos que se aseguren de que la entienden.

- Si las partículas de la Mecánica Cuántica fueran conscientes de sí mismas, un núcleo que pudiera estar moviéndose impredeciblemente lento probablemente no sabría su paradero, mientras que un electrón que pudiera estar yendo extremadamente rápido no tendría idea de dónde está. Como la gente está hecha de partículas, un policía de tráfico detuvo a un conductor que iba a exceso de velocidad en Wurzburgo,

Alemania, que era un estudiante de la Mecánica Cuántica y le preguntó, ¿sabes lo rápido que ibas? y el estudiante respondió: "No, pero sí sé dónde estoy". Por lo tanto, conocer los principios clave de la Mecánica Cuántica puede ser muy útil en la vida cotidiana de las partículas y las personas.

- La mecánica cuántica y la relatividad general son teorías científicas bien aceptadas que son mutuamente inclusivas, la verdad unificadora se encuentra dentro de la función de onda en expansión de cada fuente espaciotemporal en cualquier punto que reconcilia los aspectos de las dos teorías exitosas según la escala.

- El espacio y el tiempo son dos caras de la misma moneda, y la función de onda es la ceca. Busque el origen de la función de onda y encontrará el núcleo de crecimiento de todo lo que hay, e^{-ct}.

- Embellecer a la física es darle un objeto y una onda. Sería improbable que la función de onda no hiciera lo que es capaz de hacer.

- Si una partícula pudiera hablar, probablemente le diría a su onda "nuestra nueva teoría de onda cuántica pudiera ser poco apreciada y ni siquiera descubierta, pero es nuestra teoría". Una teoría es la encarnación de los hechos, y los hechos hablan por sí mismos.

- El principio de la incertidumbre indica nuestra incapacidad actual para saber exacta y simultáneamente dónde están todas las cosas cuánticas y cómo se mueven a través del espacio solamente, no porque las cosas sean indeterminadas, que es una exageración.

- Un observador no mide la verdad de la naturaleza, sólo la respuesta de la naturaleza a la medición. La respuesta es el indeterminismo de la medición, no el indeterminismo de la naturaleza.

- Claramente, la verdad de la naturaleza estaba destinada a ser una probabilidad o una posibilidad, no una medición de la certeza en beneficio de un observador. La causalidad se basa en la verdad de la naturaleza.

- La utilidad de la causalidad en la ciencia física depende del determinismo, pero el determinismo absoluto de todos los fenómenos es un exceso. Mientras la causalidad y la probabilidad mecánica cuántica sean mutuamente inclusivas, el determinismo probablemente tenga una buena oportunidad de ser útil.

- La probabilidad de la función de onda es el sentido común de su propio cálculo. La diferencia entre una probabilidad y una improbabilidad depende de la función de onda.

- Una certeza emergente de la función de onda es una manifestación de su probabilidad, y sus tres dimensiones son la posibilidad, la realidad y la verdad.

- La función de onda de la Mecánica Cuántica tiene muchas decisiones que tomar a través del tiempo, la función de onda decide qué cosas posibles se vuelven probables. Sin embargo, no hagas que la función de onda rinda cuentas por un amor a primera vista, ¡esa fue tu propia decisión!

- Hay una naturaleza de onda en todo lo que hay. La naturaleza tiene simetría, todas las partículas, la materia y el espacio-tiempo, tienen propiedades de onda. Cada partícula u objeto que se mueve a través del espacio tiene una onda asociada. ¿Es todo un asunto de ondas?

- Una vez que elimine lo improbable, lo que perdura, no importa cuán inesperado o impredecible sea, debe estar dentro de la función de onda intangible y espaciotemporal de seis dimensiones.

- Es fácil creer que las estructuras clásicas se construyen típicamente de abajo hacia arriba, ¿por qué la realidad no pudiera hacer lo mismo a nivel cuántico? La función de onda espaciotemporal de seis dimensiones es compleja (es real e imaginaria). La función de onda surge de la interferencia de las ondas espaciotemporales para manifestar la gravitación entre otras cosas a través de su probabilidad. La teoría de ondas, la curvatura, la expansión o la contracción espaciotemporal, y la gravitación, son las manifestaciones clásicas de la función de onda de la Mecánica Cuántica. La amplitud, la frecuencia, el período, la longitud de onda, la velocidad y la fase son todos atributos de la función de onda que utilizan las propiedades matemáticas de los números complejos, incluida la resta, durante la interferencia de ondas. Esta realización motiva una teoría cuántica de la gravedad como "Una Teoría Dinámica del Espacio-Tiempo: Un Asunto de Ondas", una teoría de ondas gravitacionales cuánticas.

- La afirmación de Rene Descartes de que el espacio-tiempo vacío no estaba realmente vacío, fue presciente. El tejido del espacio-tiempo es muy maleable y es el marco de todos los campos físicos.

- La curvatura del espacio-tiempo producida por la interferencia de las ondas espaciotemporales es proporcional a la densidad local de todas las formas de la energía, la masa, la torsión, la expansión, la compresión, la tensión y la presión.

- Lo que una teoría dinámica del espacio-tiempo nos enseña como una teoría cuántica es que todo lo que pensábamos que era relativista también es mecánico cuántico.

- La Física Cuántica nos enseña que las cosas pueden existir simultáneamente como una partícula y una onda, independientemente del tamaño o de la masa. Entonces, todo es complejo en el mundo.

§ 2. La Ciencia.

- Toda la verdad y la comprensión confiable sobre la naturaleza se basa en la estructura de la lógica del diseño divino. Sólo los sistemas naturales, a cualquier escala, son autosostenibles mediante el diseño divino. La naturaleza no es una cosa; la naturaleza es un componente del creador divino.

- Una manera de saber que una teoría ha sido ampliamente aceptada es cuando cualquiera actúa como un mayor experto en la teoría que el teórico original.

- Para la grandeza del tiempo, nada de lo que sucede es un cambio fútil.

- A veces hay un impulso científico para hipotetizar antes de que un teórico tenga datos empíricos. El investigador comienza a imaginar hechos indiferentemente que se adapten a una teoría física, en lugar de una teoría física que se adapte a los hechos empíricos.

- Si alguien piensa que ha visto más lejos que Galileo en las maravillas de la naturaleza, debe ser porque el ojo de su mente fue capaz de ver más lejos que su telescopio. Que pérdida no ser enseñado por un gran maestro como Galileo di Vincenzo Bonaiuti de' Galilei!, pero su brillante trabajo e ideas han ayudado a encontrar la comprensión dentro de uno mismo. ¡Molte Grazie, Insegnante!

- La separación entre la realidad física y los conceptos humanos de la naturaleza es la ciencia. La curiosidad y la expansión del conocimiento impulsan la investigación básica, mientras que en la investigación pura la comprensión del fenómeno físico tiene prioridad sobre las matemáticas.

- La Mecánica Cuántica contiene en sí misma la topología espaciotemporal de la Relatividad Especial o la General. La topología es una propiedad de la expansión o la contracción espaciotemporal, que no cambia en la Relatividad Especial o la General, independientemente de la escala.

- La estructura del espacio-tiempo puede cambiar para una onda cuántica espaciotemporal emergente que puede expandirse o contraerse, pero no la propiedad de su topología espaciotemporal según la Relatividad General.

- Unificar la Relatividad General y la Mecánica Cuántica en cuatro dimensiones resultó inútil, ya que la Relatividad Especial o la General ha sido una topología de la función de onda de la Mecánica Cuántica desde el principio.

- El diámetro de nuestra galaxia, La Vía Láctea, que contiene nuestro Sistema Solar es de aproximadamente 1×10^{21} metros mientras que el límite superior del diámetro de un electrón es de 2×10^{-18} metros. La topología de la propiedad de onda de la Relatividad Especial o la General es tan conforme desde solamente un metro hasta el diámetro de La Vía Láctea, tal como lo es desde solamente un metro al límite superior del diámetro de un electrón.

- En la física o en cualquier otro campo de la ciencia, si sólo te enfocas en lo que se ha hecho, te perderás lo que queda por hacer.

- El tiempo absoluto y relativista, de sí mismos y de su propia naturaleza, fluyen equitativamente con respecto a su propia función de onda. El espacio y el tiempo absoluto son trascendentales.

- El tiempo, o ritmo, de las relaciones entre el espacio y el tiempo hace que la relatividad surja en la totalidad del espacio-tiempo.

- Una acertijo paradójico de la Mecánica Cuántica, "si algo puede suceder de acuerdo con la probabilidad, no puede haber leyes naturales. Por consecuencia, un observador sólo puede describir lo que se mide; sin embargo, dado que la verdad de la naturaleza es incierta para la medición del observador, entonces, hay leyes naturales."

- La equivalencia de la presión y la densidad de la energía es una ley observable relacionada con los fenómenos naturales. ¡Si no hay presión, no hay diamantes!

- La ciencia es una visión incompleta de lo que se observa. La fe es la aceptación de lo que se considera divino. La ciencia sin fe no es un proyecto concluido.

- Los hechos son para la ciencia lo qué los principios son para la fe. La ciencia y la fe están correlacionadas, pero no son recíprocas. Incluso un físico necesita un poco de fe en las teorías de la ciencia.

- El propósito de la ciencia no es refutar la fe. La sabiduría de la fe es acoger todos los descubrimientos de la ciencia. La ciencia y la fe son dos caras de la misma moneda, y la ceca es la iluminación de la conciencia.

- No hay nada en la fe que diga que no puedes encontrar una verdad física con la ciencia; no hay nada en la ciencia que diga que no puedes encontrar la verdad espiritual con la fe. De cualquier manera, la verdad te liberará.

- La naturaleza de nuestras mentes fue provocada por la misma fuerza creativa que trajo consigo el resto de la naturaleza. Por consiguiente, la naturaleza estaba destinada a ser consciente de sí misma, y a contemplarse y examinarse a sí misma. Estas cualidades de la naturaleza pueden ser el comienzo de la ciencia.

- Los hechos de la ciencia se basan en las observaciones de la realidad, y la realidad se basa en cosas que consisten en las partículas elementales que son los campos de potencial y las ondas de las probabilidades. Un observador se beneficia de tener fe en los hechos.

§ 3. La Matemática y la Geometría.

- El misterio natural de la secuencia de los números primos sigue el orden de las ondas espaciotemporales, no todos los misterios necesitan seguir siendo misterios, ni siquiera en la matemática.

- Ni siquiera cero es nada. La existencia y la utilización del cero es algo en sí mismo.

- Los números trascendentales se acatan al poder de los métodos algebraicos, a pesar de que surgen cuando las cantidades imaginarias están involucradas en el crecimiento natural exponencial.

- La búsqueda de constantes físicas en nuestro universo no impide que nuestro universo cambie constantemente.

- Las leyes físicas y la geometría de números complejos conservan sus proporciones si son conformes a través del tiempo. Donde hay una onda, hay geometría relativista.

- El universo ha sido más consistente hasta ahora sobre sus leyes de la naturaleza que las ecuaciones de la ciencia que han tratado de explicarlo.

- El infinito y la eternidad pueden visualizarse como fractales desde un punto de vista muy estrecho. El infinito dota a la eternidad que hace que el infinito vaya más allá.

- La geometría es la verdad física visible; la matemática es su belleza y reconocimiento.

§ 4. *La Motivación y la Inspiración.*

- Las nuevas ideas están destinadas a evolucionar, y la historia está destinada a convertirse en el juez y jurado de la idea original.

- Si traes al mundo un conocimiento bueno y bendecido sobre la naturaleza, dado por el creador, todo lo bueno que aprenderás sobre la naturaleza se basa en algo que ya sabes, de las mentes bendecidas de los que hubieran llegado antes.

- La conciencia de la ignorancia es el comienzo de la verdadera sabiduría. La conciencia de la verdadera sabiduría viene cuando el espíritu nace de nuevo.

- El acto de pensar proporciona al alma humana las mejores ideas desde la más alta fuente de la creatividad.

- Un niño es un milagro de la creación nacido para ser la esperanza del mundo porque un niño sabe amar. El amor de un niño se convierte en una energía que puede iluminar todos los corazones del mundo.

- ¿Quién establecería un límite a nuestro universo? ¿Quién se atrevería a declarar cuando termina la eternidad? Sólo el tiempo se atrevería a establecer un límite al espacio, y sólo el espacio estaría allí para afirmar cuándo termina la eternidad. Sólo el creador divino de todo lo que hay, que era, es, y será, respondería rotundamente "Yo lo haría. Yo soy quien soy."

- Nuestra conciencia piensa en el infinito fuera de sí misma, pero también existe el otro extremo del infinito dentro de la conciencia. La nada no existe. La existencia es infinita y eterna.

- Cada universo probable en el bulto infinito de la creación divina es un evento espontáneo dentro de la eternidad de la existencia, y la naturaleza es una realidad objetiva para un universo con vida.

- Amar es conocer el pensamiento y la palabra misericordiosa y amable del Todopoderoso, conocer la verdad de todo lo que hay. La intuición, la imaginación y el conocimiento son buenos, pero amar es divino.

- Según la línea histórica de la física, hace 300 años, la gente creía que la gravedad era una fuerza hacia abajo ejercida por la tierra sobre las personas y las cosas, y que la gravedad actuaba sobre todas las cosas a la velocidad de la luz, hace 200 años la gente creía que los átomos eran indivisibles e idénticos con la misma masa y las mismas propiedades para todos los elementos, hace 100 años, la gente creía que la Relatividad Especial y la General eran correctas siempre, por lo que la Mecánica Cuántica tenía que estar equivocada, y que no se podía liberar gran cantidad de energía de un átomo. Hoy en día, a principios del siglo XXI, la gente cree que el espacio-tiempo es de cuatro dimensiones, que la Relatividad General y la Mecánica Cuántica son incompatibles, y que no hay una teoría cuántica de la gravedad. Claramente, parece ser un hecho que lo único constante en lo que la gente cree sobre la física es que las cosas cambian, así que hay esperanza.

§ 5. El Entretenimiento.

- Siempre sospeché que ser escritor de física habría sido una desventaja profesional. Por lo tanto, me gustaría dar las gracias a aquellos que nunca han leído mi libro por la evidencia.

- El sentido común, o el concepto típico de la realidad física, no es mecánico cuántico. Claramente, La Mecánica Cuántica es para una mentalidad diferente.

- Para Einstein, la relatividad era como cortejar a una chica agradable durante una hora y parecería un segundo. Según un experto de la Mecánica Cuántica conocer chicas agradables puede ser dudoso. En una ocasión el físico Paul Dirac le preguntó al físico Werner Heisenberg, ¿por qué bailas? Heisenberg respondió que cuando había chicas agradables tenía ganas de bailar con ellas. Después de unos minutos, Dirac le preguntó a Heisenberg de nuevo, Heisenberg, ¿cómo sabes de antemano que las chicas son agradables?

- Hay una historia sobre alguien que le pregunta a un mentiroso patológico, ¿entiendes la Mecánica Cuántica? Bueno, eres la primera persona que me hace esa pregunta, pero sé que sólo hay dos personas en el mundo que la entienden. ¿Quién es el otro?

- Einstein dijo que el único valor real es la intuición. Por lo tanto, el único valor imaginario es la imaginación. Sólo el valor imaginario es más importante que el conocimiento.

- La naturaleza no le tiene miedo a la perfección. La belleza no se arrepiente por ser parte de esa perfección.

- La ciencia es el proceso para entender los milagros y maravillas de la naturaleza. Si uno pierde la fe en la ciencia, se necesitará nada menos que un milagro de la ciencia para recuperarla.

- Incluso hasta el día de hoy, sobre las antiguas puertas del Templo de la Ciencia hay una letrero que dice: "Debes tener fe."

Bibliografía

Alcubierre, Miguel. (1994) *El Motor de Distorsión Espaciotemporal: viajes hiper-rápidos dentro la relatividad general*. Class. Quantum Grav. 11-5, L73-L77.

Baker, Bevan B., and Copson, E.T. (1987). *La Teoría Matemática del Principio de Huygens (Edición Tercera)*. Chelsea Publishing Company, AMS, New York, NY.

Brown, Hugh Aunchincloss. (1967) *Los Cataclismos de la Tierra*. Twayne Publishers, Inc.

Caroll, Sean M. (2020) *Entrevista sobre eventos en la mecánica cuántica y la relatividad con Robert Lawrence Kuhn en Mas Cerca a la Verdad*, de un video YouTube con fecha de 12 de Noviembre, 2020.

Einstein, Albert. (2003) *El Significado de la Relatividad*, p. 113 (Psychology Press).

Einstein, Albert (1952). *Relatividad, La Especial y La Teoría General*, Crown Publishers Inc., One Park Avenue, New York, NY 10016.

Einstein, Albert, Rosen, N. (1935). *"El Problema de la Partícula en la Teoría General de la Relatividad"*. Physical Review, Volumen 48, 1 Julio de 1935.

Eisberg, R. & Resnick, R. (1985). *La Física Cuántica de los Átomos, Moléculas, Solidos, Núcleos, and Partículas* (2nd ed.). John Wiley & Sons. pp. 59–60. ISBN 978-0-471-87373-0.

Everett III, Hugh. (1973) *La Interpretación de Muchos Mundos de la Mecánica Cuántica*, Serie Princeton la Física, Princeton University Press.

Fuller, Robert W. and Wheeler, John A. (1962) *La Causalidad y el Espacio-Tiempo Multiconectado*. Phys. Rev. 128, 919 – Publicado el 15 Octubre de 1962.

Gaspar, Enrique. (1881) *El Anacronópete*. El Viajero del Tiempo, publicado en el 1887 en Barcelona, España, por Daniel Cortezo y Compañía. El primer dibujo de una máquina del tiempo.

Hapgood, Charles Hutchins. (1958) *La Corteza Cambiante de la Tierra: Una Clave para Algunos Problemas Básicos de la Ciencia de la Tierra.* Pantheon Books Inc. (Prefacio por Albert Einstein)

Hey, T., and Walters, P. (2009) *El Universo Cuántico Nuevo*, Cambridge University Press.

Huygens, Christiaan. (1690) *Traité de la Lumière*, Leiden: Pieter van der Aa. (traducido por Silvanus P. Thompson, 1912) Tratado de la Luz, London: Macmillan.

Melia, Fulvio. (2007). *El Agujero Negro Supermasivo Galáctico.* Princeton University Press, 41 William Street, Princeton, New Jersey 08540.

Nieves, Robert. (2020) *Una Teoría Dinámica del Espacio-Tiempo: Un Asunto de Ondas*. Publicado por Kindle Direct Publishing, Amazon.com, Inc. ISBN 9798667276289.

Rucker, Rudolf v. B (1977). *La Geometría, La Relatividad y la Cuarta Dimensión*, Dover Publications, Inc., New York, NY 10014.

Schwerdtfeger, Peter, et Al. (2008) *Los efectos relativistas y de correlación de electrones en polarizabilidades de dipolo estático para los elementos del grupo 14 desde el carbono hasta el elemento Z= 114: Teoría y experimento,* Physical Review A 78, 052506 2008.

St. Fleur, Nicholas (2016). *Cuatro Nombres Nuevos Agregados a la Tabla Periódica de Elementos*. New York Times. (Diciembre 1, 2016).

Staff (2016). *IUPAC Anuncia los Nombres de los Elementos 113, 115, 117, y 118*. IUPAC. (Noviembre 1, 2016).

Subramanian, S. (2019). *Hacer nuevos elementos no vale la pena. Pregúntele a este científico de Berkeley.* Bloomberg Businessweek.

Taylor, Edwin F, Wheeler, John Archibald (1966). *La Física Espaciotemporal*, W.H. Freeman and Company, 41 Madison Ave. E 26th, New York, NY 10010.

Wald, Robert M (1977). *El Espacio, El Tiempo y La Gravedad, La Teoría del Big Bang y los Agujeros Negros*, The University of Chicago Press, Chicago 60637.

White, George H. (1978) *Los Viajeros del Tiempo, La Gran Saga de los Aznar*. Volumen 16. Eurocon, Brussels, 1978. Publicado por Silente Ciencia Ficción.